U0264801

编委会

高职高专示范院校建设规划教材

分离机械结构与维护

李林鑫　主　编

张国勇　赵义平　副主编

周　文　主审

化学工业出版社

·北京·

本书以常用分离机械维护和检修能力形成为主线，把相关知识和技能有机地融合为一个整体，形成五个模块（章），即绪论、离心分离机械的结构与维护、过滤分离机械的结构与维护、浮选分离机械的结构与维护、旋流分离机械的结构与维护。每个模块都通过【观察与思考】引出问题，以"问题为中心"进行综合化。

本书可作为高职高专、技师学院化工装备技术（化工设备维修技术、化工设备与机械）专业教材，也可作为成人教育和职工培训教材，还可供工程技术人员参考使用。

图书在版编目（CIP）数据

分离机械结构与维护/李林鑫主编．—北京：化学工业出版社，2014.8
高职高专示范院校建设规划教材
ISBN 978-7-122-21066-1

Ⅰ．①分…　Ⅱ．①李…　Ⅲ．①化工机械-结构-高等职业教育-教材②化工机械-维修-高等职业教育-教材　Ⅳ．①TQ05

中国版本图书馆 CIP 数据核字（2014）第 138675 号

责任编辑：高　钰	文字编辑：杨　帆
责任校对：王素芹	装帧设计：刘丽华

出版发行：化学工业出版社（北京市东城区青年湖南街 13 号　邮政编码 100011）
印　　装：三河市延风印装厂
787mm×1092mm　1/16　印张 7¼　字数 168 千字　2014 年 10 月北京第 1 版第 1 次印刷

购书咨询：010-64518888（传真：010-64519686）　售后服务：010-64518899
网　　址：http://www.cip.com.cn
凡购买本书，如有缺损质量问题，本社销售中心负责调换。

定　　价：25.00 元

高等职业教育是以就业为导向的教育，以培养学生职业岗位或行业技术需要的综合职业能力为主要目标，课程体系的改革的思想是"以能力为本位，以就业为导向"，课程内容的知识选择是紧紧围绕能力要求进行组织。因此，以化工装备为载体，以典型化工装备维护能力培养为导向，以化工装备的构造、原理、基本故障诊断和维修为主线构建一门课程，形成了机械结构设计与维护、化工容器结构与制造、传热设备结构与维护、塔设备结构与维护、反应设备结构与维护、流体机械结构与维护及分离机械结构与维护等课程组成的化工装备技术（化工设备维修技术、化工设备与机械）专业核心课程体系。

本教材以常用分离机械维护和检修能力形成为主线，把相关知识和技能有机地融合为一个整体，形成五个模块（章）。每个模块都通过【观察与思考】引出问题，以"问题为中心"进行综合化。

本书在编写过程中，充分考虑高职高专化工装备技术专业的特点，突出实用性，理论推导从简，直接切入应用主题；力求做到基本概念阐述清晰，内容精炼、浅显易懂；从读者的认识规律出发，深入浅出，循序渐进，注重素质与能力的提高；编写人员来自教学和生产一线，具有丰富的教学和实践经验，实现了课程标准与职业标准的融合；引导学生认识和理解相关标准、规范，培养运用标准、规范、手册、图册等有关技术资料的能力。

本书的第一章、第二章由李林鑫编写，第三章由申静编写，第四章由张国勇编写，第五章由赵义平编写。全书由李林鑫担任主编并统稿，张国勇和四川天华股份有限公司赵义平担任副主编，周文担任主审。

本书编写过程中得到了四川天华股份有限公司、四川科新机电有限公司、泸天化股份有限公司的帮助与支持，在此对他们的无私相助表示衷心感谢。

由于编者水平所限，不足之处诚恳希望同行专家及读者批评指正。

编者

CONTENTS

传 热 设 备 结 构 与 维 护

目 录

第三章　过滤分离机械的结构与维护　　50

第一章

绪 论

第一节　分离机械概述

分离机械是实现固-液分离、液-液分离以及液-液-固分离的设备，主要分为离心机和过滤机两大类。过滤分离是在推动力的作用下，将位于一侧的悬浮液（或含固体颗粒发热气体）中的流体通过多孔介质的孔道向另一侧流动，颗粒被截留，从而实现流体与颗粒的分离操作过程；离心分离则是在离心力作用下使分散在悬浮液中的固相粒子或乳浊液中的液相粒子沉降的过程。在工业生产中，由于分离机械具有过程连续、设备不复杂、操作简便，使用范围广，需求量大以及品种规格多等特点，再加之其分离成本较其他分离方式低，因而被广泛应用，在国民经济中具有重要作用，是化工、食品、生物和环保等部门不可缺少的重要技术装备。

一、机械分离和传质分离

从原料到成品的整个化工生产过程，涉及各种分离操作。这些分离操作主要包括原料离心分离、过滤、旋流分离、蒸发、浮选、膜分离等，均可部分或全部通过机械设备来完成。但是在分离原理、分离效率和机械化自动化的程度上，这些分离机械是存在差异的。

分离操作包括机械分离和传质分离两大类，机械分离是指被分离的混合物由多于一相的物料所组成，分离设备只是简单地将混合物进行相分离，它属于非均相物系的分离，如沉降、过滤等。另一种分离操作是指依靠组分的扩散和传质来完成的分离过程，故又称为扩散分离或传质分离。如蒸馏、吸收、萃取或膜分离等，适用于多组分均相混合物的分离以及非均相混合物的分离。本书中将对常见的几种分离操作中所用的几类分离机械进行叙述介绍。

二、常见的分离方式和设备

目前工业中应用的分离方式有离心分离、过滤分离、旋流分离、蒸发、浮选分离、膜分离、超临界流体萃取等。

1. 离心分离

离心分离（Centrifugal Separation）：借助于离心力，使密度不同的物质进行分离的方法。由于离心机等设备可产生相当高的角速度，使离心力远大于重力，于是溶液中的悬浮物便易于沉淀析出；又由于密度不同的物质所受到的离心力不同，从而沉降速度不同，能使密度不同的物质达到分离的目的。

离心分离采用的设备是离心机，是利用离心力分离非均匀液体混合物的机器。在现代工业生产中，离心分离技术已经越来越重要，离心机和其他分离机械相比较，能得到含湿度低的固相和高纯度的液相，且具有节省劳力，减轻劳动强度，改善劳动条件，并具有连续运转、自动遥控、占地面积小等优点。自 1836 年第一台三足式离心机在德国问世以来，迄今已获很大的发展，各类离心机品种繁多，正在向高参数、系列化、专用化及自动化方向发展。

2. 过滤分离

中国古代即已应用过滤技术于生产，公元前 200 年已有植物纤维制作的纸。公元 105 年蔡伦改进了造纸法。他在造纸过程中将植物纤维纸浆荡于致密的细竹帘上，水经竹帘缝隙滤过，一薄层湿纸浆留于竹帘面上，干后即成纸张。

最早的过滤大多为重力过滤，后来采用加压过滤提高了过滤速度，进而又出现了真空过滤。20 世纪初发明的转鼓真空过滤机实现了过滤操作的连续化。此后，各种类型的连续过滤机相继出现。间歇操作的过滤机（例如板框压滤机等）因能实现自动化操作而得到发展，过滤面积越来越大。为得到含湿量低的滤渣，机械压榨的过滤机得到了发展。

3. 浮选分离

浮选机是完成浮选过程的机械设备。在浮选机中，经加入药剂处理后的矿浆，通过搅拌充气，使其中某些矿粒选择性地固着于气泡之上，浮至矿浆表面被刮出形成泡沫产品，其余部分则保留在矿浆中，以达到分离矿物的目的。浮选机的结构形式很多，目前最常用的是机械搅拌式浮选机。

4. 旋流分离

旋流分离器（简称旋流器）的发明、应用已有约一个半世纪了。开始只用于选矿过程中的固-液分离、固-固分离和分级，后来发展到固-气分离，液-气分离等。到 20 世纪 80 年代末，这种旋流分离器被用于石油工业中的产出水除油，取得了满意的效果。在液-液分离研究过程中，先是轻分散相液体的分离（如油污水脱油），再是重分散相液体的分离（如油品脱水）。虽然旋流分离技术在液-液分离方面的应用要晚得多，但已显示出了其体积小、快速、高效、连续操作等方面的优越性，特别是用于轻分散相液体的分离，其牛顿效率非固-液分离能比。

5. 膜分离

膜分离与传统过滤的不同在于膜可以在分子范围内进行分离，并且这过程是一种物理过程，不需发生相的变化和添加助剂。膜是具有选择性分离功能的材料。利用膜的选择性分离实现料液的不同组分的分离、纯化、浓缩的过程称作膜分离。

膜的孔径一般为微米级，依据其孔径的不同（或称为截留分子量），可将膜分为微滤膜（MF）、超滤膜（UF）、纳滤膜（NF）和反渗透膜（RO）等；根据材料的不同，可分为无机膜和有机膜；无机膜主要还只有微滤级别的膜，主要是陶瓷膜和金属膜，有机膜是由高分子材料做成的，如醋酸纤维素、芳香族聚酰胺、聚醚砜、聚氟聚合物等。

膜分离是一门新兴的跨学科的高新技术。膜的材料涉及无机化学和高分子化学；膜的制备、分离过程的特征、传递性质和传递机理属于物理化学和数学研究范畴；膜分离过程中涉及的流体力学、传热、传质、化工动力学以及工艺过程的设计，主要属于化学工程研究范畴；从膜分离主要应用的领域来看，还涉及生物学、医学以及与食品、石油化工、环境保护等行业相关的学科。

6. 超临界流体萃取

超临界流体萃取是国际上最先进的物理萃取技术，简称 SFE（Supercritical Fluid Extraction）。在较低温度下，不断增加气体的压力时，气体会转化成液体，当温度增高时，液体的体积增大，对于某一特定的物质而言总存在一个临界温度（T_c）和临界压力（P_c），高于临界温度和临界压力后，物质不会成为液体或气体，这一点就是临界点。在临界点以上的范围内，物质状态处于气体和液体之间，这个范围之内的流体成为超临界流体（SF）。超临界流体具有类似气体的较强穿透力和类似于液体的较大密度和溶解度，具有良好的溶剂特性，可作为溶剂进行萃取、分离单体。

超临界流体萃取是近代化工分离中出现的高新技术，SFE 将传统的蒸馏和有机溶剂萃取结合一体，利用超临界 CO_2 优良的溶剂力，将基质与萃取物有效分离、提取和纯化。SFE 使用超临界 CO_2 对物料进行萃取。CO_2 是安全、无毒、廉价的液体，超临界 CO_2 具有类似气体的扩散系数、液体的溶解力，表面张力为零，能迅速渗透进固体物质之中，提取其精华，具有高效、不易氧化、纯天然、无化学污染等特点。

超临界流体萃取分离技术是利用超临界流体的溶解能力与其密度密切相关，通过改变压力或温度使超临界流体的密度大幅改变。在超临界状态下，将超临界流体与待分离的物质接触，使其有选择性地依次把极性大小、沸点高低和相对分子质量大小不同的成分萃取出来。

7. 蒸发

使含有不挥发溶质的溶液沸腾汽化并移出蒸气，从而使溶液中溶质浓度提高的单元操作称为蒸发，所采用的设备即为蒸发器。蒸发是化工单元操作之一，即用加热的方法使溶液中部分溶剂汽化并除去，以提高溶液的浓度，或为溶质析出创造条件。所以究其实质，蒸发操作是使溶液和溶质分离的操作。蒸发过程是一个热量传递过程，其传热速率是蒸发过程的控制因素。

工业上应用蒸发来浓缩溶液以满足生产工艺上的要求，其目的可归结为以下几点。

① 通过蒸发以提高水溶液中溶质的浓度。例如，电解烧碱液的浓缩、稀硫酸的浓缩、尿素溶液的浓缩等。

② 通过蒸发浓缩溶液以制备结晶，例如制盐、制糖等。

③ 通过蒸发回收溶剂，例如中药渗漉液的浓缩回收酒精。

④ 通过蒸发制备纯净的溶剂，例如海水淡化、丙烷脱沥青、双乙烯酮脱除高沸物等。

总之，蒸发广泛应用于制盐、制碱、制糖、食品、医药、造纸、海水淡化、石油化工及原子能等工业生产中。

第二节　本课程内容、性质、任务

一、课程内容

本课程是工程性和应用性很强的一门课，它反映出最新分离机械发展的趋势。在本课程中主要内容包括许多产品中所广泛采用分离机械（如离心分离机、过滤机、旋流器、蒸发设备和浮选设备等分离机械和设备）的基本工作原理、结构形式，操作规范和检修规程等。

二、课程性质

本课程是化工装备技术专业的核心课程之一，是专科学生在完成专业技术基础课的学习之后必修的一门专业课。是本专业在专科教学中一门比较深入、系统地介绍分离工程中常用的分离机械的课程。通过本课程的学习使学生系统地了解分离机械的基本要求和设计内涵，培养学生全面考虑、分析和解决工程实际问题的能力，达到让学生能够初步学会选用、操作、检修各种分离机械的目的，为将来从事该专业的工作打下良好的基础。

本课程力求体现"理论够用、突出实践"的理实一体教学理念，注重培养学生的动手能力、分析问题和解决问题的能力。在教学过程中强调"教师主导、学生主体"，因而要求学生在学习本门课程时，充分利用课余时间根据教师要求完成相关任务。

本书根据高等职业教育教学改革思路、化工过程装备技术专业培养目标和化工过程装备技术重点专业建设方案而编写，适合高职院校化工过程装备技术专业学生使用，也可供其他相关专业参考。

三、课程任务

本课程的主要任务是培养学生：

① 熟悉分离机械和设备的结构形式。掌握离心机、过滤机、旋流器和浮选机械的典型结构和技术特点。

② 掌握分离机械和设备的工作原理。重点掌握离心机、过滤机、旋流器和浮选机械的工作原理和基本方程。

③ 掌握分离机械和设备的性能特点。重点掌握离心机、过滤机、旋流器和浮选机械的性能参数和性能曲线，掌握主要性能参数的计算和换算方法。

④ 熟悉分离机械和设备的应用技术。掌握离心机、过滤机、旋流器和浮选机械的操作规范，能排除常见故障。

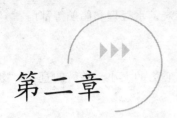

第二章

离心分离机械的结构与维护

● **知识目标**

　　了解离心分离的分类；掌握离心分离的主要参数；掌握三足式离心机和管式离心机的结构与工作原理；掌握三足式离心机和管式离心机的拆装流程和规范和拆装方法；了解常用离心机的工作原理和结构；了解企业维修作业程序，有安全操作、文明作业意识。

● **能力目标**

　　能熟练拆装人工卸料三足式离心机和管式离心机；能正确使用三足式离心机和管式离心机维修常用拆装工具；能正确使用常用测量仪表、仪器；能快速检测离心机常见故障原因并排除故障。

● **观察与思考**

　　中国古代人们用绳索的一端系住陶罐，手握绳索的另一端，旋转甩动陶罐，从而挤出陶罐中浆果的汁液，如图 2-1 所示。请思考：

- 上述分离过程是利用什么原理分离的？
- 上述实例的分离效果和哪些因素有关？
- 上述实例中的分离方式能不能用于液-液分离？

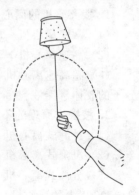

图 2-1　离心甩动陶罐挤压出陶罐中浆果的汁液

第一节　离心分离技术简介

一、离心机的发展及其应用

　　工业离心机诞生于欧洲，比如 19 世纪中叶，先后出现纺织品脱水用的三足式离心机和制糖厂分离结晶砂糖用的上悬式离心机。这些最早的离心机都是间歇操作和人工排渣的。

　　由于卸渣机构的改进，20 世纪 30 年代出现了连续操作的离心机，间歇操作离心机也因实现了自动控制而得到发展。

　　离心机是利用离心力，分离液体与固体颗粒或液体与液体的混合物中各组分的机械。离心机主要用于将悬浮液中的固体颗粒与液体分开；或将乳浊液中两种密度不同，又互不相溶的液体分开（例如从牛奶中分离出奶油）；它也可用于排除湿固体中的液体，例如用洗衣机甩干湿衣服；特殊的超速管式分离机还可分离不同密度的气体混合物；利用不同密度或粒度的固体颗粒在液体中沉降速度不同的特点，有的沉降离心机还可对固体颗粒按密度或粒度进行分级。

离心机大量应用于化工、石油、食品、制药、选矿、煤炭、水处理和船舶等部门。

二、分离因数

物质在转鼓中做圆周运动，一定受到离心力的作用，离心力的大小与转鼓的直径、物料的密度、转速等有关系，可以表示为：

$$F_c = mRw^2 = m\frac{D}{2}\left(\frac{2\pi n}{60}\right)^2 = 0.55 \times 10^{-2} mDn^2$$

分离因数经常用离心力与重力的比值来表示，即

$$K_c = \frac{F_c}{G} = \frac{Rw^2}{g} = 0.56 \times 10^{-2} mDn^2$$

分离因数反映了离心机离心能力的大小，数值越大，分离效果越好；对于固体颗粒小、液体黏度大和难分离的悬浮液，用分离因数较大的离心机。一般分离因数的数值在 100～70000 之间，所以重力的因素在来考虑离心分离时，可以忽略不计。但是，分离因数不可能无限制的增大，还要考虑结构和操作的方便。

三、离心机的分类

1. 按离心机的离心分离因数大小来分类
(1) 常速离心机　$K_c < 3000$，主要用于分离颗粒不大的悬浮液和物料的脱水。
(2) 高速离心机　$3000 < K_c < 50000$，主要用于分离乳状和细粒悬浮液。
(3) 超高速离心机　$K_c > 50000$，主要用于分离相不易分离的超微细粒的悬浮系统和高分子的胶体悬浮液。

2. 按操作原理的不同分类
(1) 过滤式离心机　鼓壁上有孔，借离心力实现过滤分离的离心机。
(2) 沉降式离心机　鼓壁上无孔，借离心力实现沉降分离的离心机。
(3) 分离式离心机　鼓壁上无孔，具有极大的转速，一般在 4000r/min 以上，分离因数在 3000 以上的离心机。

3. 按操作方式的不同分类
(1) 间歇式离心机　其加料、分离、洗涤和卸渣等过程都是间隙操作，并采用人工、重力或机械方法卸渣，如三足式和上悬式离心机。
(2) 连续式离心机　其进料、分离、洗涤和卸渣等过程，有间隙自动进行和连续自动进行两种。

4. 按卸料方式分类
①人工卸料离心机；②重力卸料离心机；③刮刀卸料离心机；④活塞推料离心机；⑤螺旋卸料离心机；⑥离心卸料离心机；⑦振动卸料离心机；⑧进动卸料离心机。

5. 按转鼓主轴位置分类
①卧式离心机；②立式离心机。

6. 按国家标准与市场使用份额分类
①三足式离心机；②卧式螺旋离心机；③碟片式分离机；④管式分离机。

四、离心机型号编制方法

1. 编制方法
离心机产品名称由型号代号和汉语名称共同组成，离心机汉语名称应符合 GB/T 4774

的规定。离心机型号由基本代号、特性代号、主参数、转鼓与分离物料相接触部分材料代号四部分组成，具体表示方法如下：

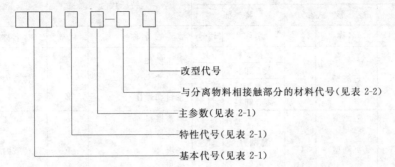

改型代号
与分离物料相接触部分的材料代号（见表 2-2）
主参数（见表 2-1）
特性代号（见表 2-1）
基本代号（见表 2-1）

　　离心机型号的基本代号按类别、型式、特征的分类原则编制。基本代号和特性代号均用名称中有代表性的大写汉语拼音字母表示。离心机型号中的特性代号为可选项。当离心机具有多个特性时，选择最有代表性的特性表示。离心机型号的主参数用阿拉伯数字表示。离心机型号的基本代号、特性代号和主参数应符合表 2-1 的规定。

　　转鼓与分离物料相接触部分的材料代号，用材料名称中有代表性的大写汉语拼音字母表示，应符合表 2-2 的规定。

表 2-1　离心机型号表示方法

基本代号						特征代号		主参数	
类别		形式		特征					
名称	代号	名称	代号	名称	代号	名称	代号	名称	代号
三足式离心机	S	过滤型	—	人工上卸料	S	普通	—	转鼓内径	mm
				抽吸上卸料	C	全自动	Z		
				吊袋上卸料	D	密封	M		
				人工下卸料	X	液压驱动刮刀	Y		
		沉降型	C	刮刀下卸料	G	气压驱动刮刀	Q		
				翻转卸料	F	电动驱动刮刀	D		
						电动机直联式	L		
						变频驱动	B		
						虹吸式	H		
平板式离心机	P	过滤型	—	人工上卸料	S	普通	—	转鼓内径	mm
				抽吸上卸料	C	全自动	Z		
				吊袋上卸料	D	密封	M		
				人工下卸料	X	液压驱动刮刀	Y		
		沉降型	C	刮刀下卸料	G	气压驱动刮刀	Q		
				翻转卸料	F	电动驱动刮刀	D		
						电动机直联式	L		
						变频驱动	B		
						虹吸式	H		

续表

基本代号						特征代号		主参数	
类　别		形　式		特　征					
名称	代号	名称	代号	名称	代号	名称	代号	名称	代号
上悬式离心机	X	过滤型	—	机械卸料	J	人工操作	—	转鼓内径	mm
				人工卸料	R				
				重力卸料	Z	全自动操作	Z		
				离心卸料	L				
刮刀式料离心机	G	过滤型 沉降型	C H	宽刮刀	K	斜槽推料	—	转鼓内径	mm
						螺旋推料	L		
		虹吸过滤型		窄刮刀	Z	隔爆	F		
						密封	M		
						双转鼓型	S		
活塞推料离心机	H	过滤型	—	单级	Y	圆柱型转鼓	—	最大级转鼓内径	mm
				双级	R	柱锥型转鼓	Z		
				三级	S	加长转鼓	C		
				四级	I	双侧进料	S		
离心卸料离心机	I	过滤型	—	立式	L	普通式	—	转鼓最大内径	mm
						反跳环式	T		
				卧式	W	导向螺旋式	D		
振动卸料离心机	Z	过滤型	—	立式	L	曲柄连杆激振	Q	转鼓内径	mm
						偏心块激振	P		
				卧式	W	电磁激振	D		
进动卸料离心机	J	过滤型	—	卧式	W			转鼓内径	mm
翻袋卸料离心机	F	过滤型	—	卧式	W	普通型	—	转鼓内径	mm
						干燥型	G		
螺旋卸料离心机	L	沉降型	—	立式	L	逆流式	—	最大级转鼓内径 X 转鼓工作长度	mmxmm
						并流式	B		
		过滤型	L			三相分离式	S		
						密封	M		
						隔爆	F		
		沉降过滤组合型	Z	卧式	W	双锥式	R		
						向心泵输液	X		
						磁性转鼓	C		
						压榨式	Y		
						干燥型	G		

注：转鼓内径指转鼓最大内径。装有固定筛网时，指筛网最大内径；对组合转鼓，取沉降段内径和过滤段筛网内径之大者。

表 2-2　转鼓与分离物料相接触部分的材料代号

与分离物料相接触部分的材料代号	代　号	与分离物料相接触部分的材料代号	代　号
碳钢	G	衬塑	S
钛合金	I	木质	M
耐蚀钢	N	铜	T
铝合金	L	搪瓷	C
橡胶或衬胶	X		

当离心机结构或性能有显著改变时，改型代号按顺序在原型号尾部分别加字母 A、B、C…以示区别。离心机型号及名称书写方法：在型号后书写离心机名称，其名称应符合 GB/T4774 的规定。

2. 产品型号名称编写示例

① 转鼓表面涂塑料，转鼓最大内径为 800mm 的三足式手动刮刀下卸料沉降离心机表示为：SCG800-S（三足式沉降离心机）。

② 转鼓筛网最大内径为 1250mm，转鼓材料为耐蚀钢的上悬式重力卸料过滤型自动操作离心机表示为：X ZZ1250-N（上悬式离心机）。

③ 转鼓筛网最大内径为 800mm，防爆式，转鼓材料为耐蚀钢的隔爆型虹吸过滤宽刮刀卸料离心机表示为：GHKF800-N（防爆型虹吸过滤刮刀卸料离心机）。

④ 最大级转鼓筛网内径为 800mm，柱锥形转鼓，转鼓材料为耐蚀钢的双级活塞推料过滤型离心机表示为：HRZ800-N（双级活塞推料离心机）。

⑤ 第一次改型设计，转鼓大端筛网内径为 800mm，转鼓材料为碳素钢的立式离心卸料过滤型离心机表示为：IL800-G A（立式离心卸料离心机）。

⑥ 转鼓筛网最大内径为 800mm，偏心块激振，转鼓材料为碳素钢的卧式振动卸料过滤型离心机表示为：ZWP800-G（卧式振动卸料离心机）。

⑦ 转鼓筛网最大内径为 800mm，转鼓材料为耐蚀钢的立式进动卸料过滤型离心机表示为：IL800-N（立式进动卸料离心机）。

⑧ 转鼓大端最大内径为 350mm，转鼓工作长度 650 mm，转鼓材料为耐蚀钢的卧式螺旋卸料沉降离心机表示为：LW350X650-N（卧式螺旋卸料沉降离心机）。

五、离心机的振动和隔振

1. 振动的概念

离心机的几何重心与转动重心不重合，离心机转动的过程中出现偏心，就会引起机器的振动。振动是有害的，会加剧零件的磨损，造成机器零件的断裂或连接处的松动，产生噪声，严重时，还会破坏机器或建筑物，造成重大损失。

如果机器由于存在不平衡而产生的振动频率，与机器的固有频率相等或接近时，振动更会剧烈，也就是所谓的共振。机器产生共振时的转速叫临界转速，在数值上往往等于机器的固有频率。

为了避免机器的振动过大，除了尽可能事先进行转子的平衡外，还应该使转子的工作转速避开临界转速。从力学上知道，弹性系统的质量越大，固有频率越低；刚性越大，固有频率越高。因此，当需要转轴工作转速高于临界转速时，可将轴做成细而长的形状，这种轴的刚度较小，频率较低，临界转速较低，这种轴称为挠性轴，其转子称为挠性转子。相反，如需要转轴工作转速低于临界转速时，可将轴做成短而粗的形状，即增加轴的刚性，加大固有频率，这样的轴叫刚性轴，其转子称为刚性转子。

2. 隔振

就是利用隔振元件"吸收"离心机的振动，常用的隔振元件有弹簧、橡胶板等。现实生活中有实例：如摩托车的隔振、汽车的隔振、儿童的跳跳床等。

第二节　三足式过滤离心机的结构与维护

三足式离心机是世界上最早出现的过滤离心机。1836 年第一台用于棉布脱水的工业用三足式离心机在德国问世，随后带来了离心机与分离机的发展。迄今为止，三足式离心机仍是分离机械产品中数量最多、应用最广泛的品种之一。目前，国内外行业中使用的三足式离心机多达数万台，而且市场需求量每年达 4000 台以上。三足式离心机可用于分离固体粒径从十微米至数毫米的，含固量从约 5％至 40％～50％的液-固二相悬浮液，也可以用于块状及成件物品（如纺织品）的脱水。当液-固二相悬浮液的含固量很低且固体粒径又很小时，也可使用沉降式的三足式离心机。目前常见的三足式离心机有人工上部卸料的三足式离心机、人工下部卸料三足式离心机和机械下部卸料三足式离心机等多种形式，三足式过滤离心机的类型和操作方式见表 2-3。

表 2-3　三足式过滤离心机类型和操作方式

类型	卸料方式			分离操作方式	主轴运转方式
	机构	卸料位置	转速		
人工卸料	人工	上部	停机	间歇	恒速、间断
	起吊滤袋	上部	停机	间歇	恒速、间断
	手动刮刀	下部	低速	间歇	调速、连续
机械卸料	旋转刮刀	下部	低速	周期循环	调速、连续
	升降刮刀	下部	低速	周期循环	调速、连续
	气力输送	上部	低速	周期循环	调速、连续
	刮刀-螺旋	上部	低速	周期循环	调速、连续

一、结构

如图 2-2 所示，三足式离心机因为底部支承为三个柱脚，以等分三角形的方式排列而得名。三足离心机主要由转鼓、机壳、支柱、制动器、电动机等组成。转鼓又称滤筐，由不锈钢制成，鼓壁开有滤孔。转鼓由电动机通过传动装置，最后通过装在其轴下端的 V 形传动带轮驱动。外壳、转鼓和传动装置都通过减振弹簧组件悬在三个支柱上（故称作三足式离心机），以减弱离心机转鼓运转时产生的振动。

1. 转鼓

三足式离心机的转鼓是由鼓底、鼓壁和拦液板三部分组成。在鼓壁的内侧衬有支承滤布金属网，以便于排液。滤布通常制成袋形而铺在金属支承网上。转鼓各部分由于卸料方式的不同而有所差异。

（1）鼓底　上部卸料的转鼓底是封闭的，轮毂位于中部。下部卸料的鼓底则为环状，在中空部分有数条轮辐状筋板与轮毂相连，各筋板间形成的扇形开口即为下部卸料口。为了卸料时刮刀能在转鼓全部高度内充分刮料，下部卸料的三足式离心机的环状鼓底支承均为平板形。为了提高离心机主轴的临界转速，转鼓质量中心应尽可能靠近轮毂内轴承的支承中心，即应使轮毂尽量伸入转鼓内部，呈凹形转鼓。一般采用轮毂和鼓底整体铸造，或用焊接的方法连成一个整体。

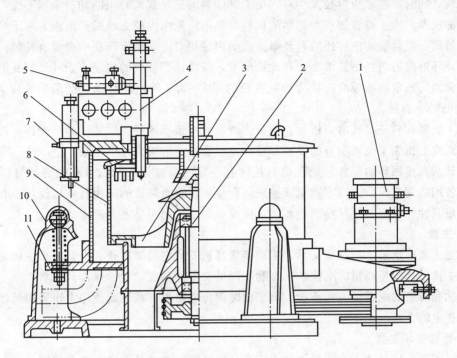

图 2-2　机械卸料的三足式离心机

1—油马达；2—主轴；3—转鼓底；4—刮刀装置；5—旋转油缸；6—拦液板；7—升降油缸；
8—转鼓壁；9—壳体；10—弹性悬挂支承装置；11—底盘

（2）鼓壁　三足式离心机的圆筒形鼓壁、多用钢板卷焊而成。为了提高转鼓的强度，鼓壁外侧可增加几道加强圈，鼓壁上开有很多小圆孔，滤液由此排出。

鼓壁的开孔率大小，应根据转鼓的转速和处理物料的性质而定。由于滤液从开孔处流出时，在离心力的作用下具有很高的流速，所以滤液流经开孔时，只需很小的流通面积即可满足滤液排出的要求。三足式离心机转鼓的开孔率一般为 5%左右。

鼓壁开孔孔径的大小，应以尽量采用小孔为原则。因为当开孔率确定后，小孔径的孔数很多，这样孔与孔的间距小，有利于滤液及时排出。另外，小孔径可减少开孔对鼓壁强度的削弱。但孔径过小，不易加工，目前常见的孔径为 6～10mm。

鼓壁开孔有方形和三角形排列两种，为了减少对鼓壁强度的削弱，常采用三角形排列，孔间距一般为 $t \geqslant (3 \sim 5)d$（小孔直径）。在制造时应注意开孔应错开鼓壁的焊缝，孔中心线与焊缝中心线距离应大于 1～2 倍的鼓壁厚度。

在转鼓直径一定时，增加转鼓的高度可增加转鼓的有效容积和过滤面积。随着转鼓的高度增加，转鼓的质量中心与轴承支承点距离也随之增大，使主轴的临界转速下降，同时转鼓太高会引起滤布装卸和卸料的不方便，一般的转鼓高度为转鼓直径的 0.4～0.6 倍。

（3）拦液板　在转鼓顶部的环形盖板称为拦液板，功能是挡住悬浮液，使悬浮液不从顶部溢出并在转鼓内形成一定厚度的滤饼。

转鼓的直径和高度确定后，拦液板的内径大小就决定了转鼓内可储存的悬浮体积和滤饼的体积。拦液板内径小，转鼓的有效容积大，滤饼的厚度也会增加过滤总阻力，并不一定对过滤有利。同时，拦液板内径太小对人工上部卸料的三足式离心机的卸料带来不便，而对下一步卸料的机器，为了设置加料和卸料的机构，也不应选用内径太小的拦液板。对于机械下部卸料的转鼓，拦液板的内径还应与环形鼓底的内径相对应，由于鼓底中央设有轮毂，为了便于卸料，环形底的内径不能太小，在此情况下，若设计拦液板的内径小于环形鼓底的内径是没有意义的，通常挡液板的内径为转鼓直径的 0.7～0.8 倍，此时滤饼的最大厚度为 0.1～0.15 倍的转鼓直径。

人工上部卸料三足式离心机的拦液板一般制成浅锥形圆环，以便于卸料操作，机械卸料的三足式离心机为了便于刮刀的设置和动作，拦液板一般均为环形平板。

转鼓是高速回转的部件，处理物料往往有一定的腐蚀性，所以常见的转鼓材料为不锈钢，或者用碳钢制成后衬以不锈钢或橡胶，近年来随着金属钛的应用日益广泛，也有使用强度高、耐腐蚀性能好的钛材料制造转鼓，但设备制造费用明显上升。

2. 主轴

三足式离心机的主轴及其支承、驱动装置都被安装在机器的外壳上，整个主机处于挠性支承。主轴设计成短而粗的刚性轴，有利于降低设备的高度，便于操作和维修。

主轴和转鼓的配合面为圆锥面，靠锥面摩擦传递扭矩。在轴端使用大压紧螺母以便将转鼓压紧在主轴上。

3. 悬挂支承装置

三足式离心机悬挂支承装置的结构应充分保证机体在水平方向有较大的摆动，形成挠性系统，系统的自振频率应远低于刚性主轴的回转频率，以减少不均匀负载对轴承的冲击。转鼓水平摆动能使具有流动性的物料在转鼓内分布更均匀，改善机器的运转能力，减小机器运转时基础的振动。

悬挂支承装置有多种不同的结构形式。老式的纺织品脱水用三足式离心机是用三根金属链环悬挂在几座的三根支柱上，称为链条悬挂式。其结构简单，系统挠性好，可自动对中，但可调节性差，不能适应各种不同的减振要求，现在已经很少用了。

图 2-3 为摆杆悬挂支承装置，其中图 2-3（a）所示的结构是机体底盘靠三根摆杆悬吊在三根支柱上，摆杆的上、下两端分别以球形垫圈与支柱及底盘铰接，使整个机体可以摆动；图 2-3（b）所示结构，可通过摆杆两端的螺母调节摆杆的工作长度，球形垫圈和球面座配合，发生磨损时容易更换磨损件。

目前应用较多的弹性悬挂支承装置如图 2-4 所示，在摆杆上套有一压缩弹簧，安装时以一定的预紧力定位于支柱和底盘之间，它既可以作为摆动系统的一个阻尼，又可用于缓冲垂直方向的振动。图2-4（a）的结构，可通过调节摆杆的工作长度来调节缓冲弹簧的预紧力，减振性能好，图 2-4（b）所示结构没有这种功能，且安装也不方便。

如图 2-5 所示，近年来采用橡胶垫圈作为弹性元件的悬挂支承装置，其优点是橡胶垫圈制造方便，弹性一致性好，三点支承更加均衡，比弹簧更适于有腐蚀性介质存在环境内工作。

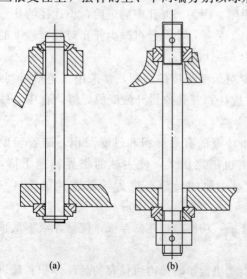

(a)　　　　(b)

图 2-3　三足式离心机摆杆悬挂支承装置

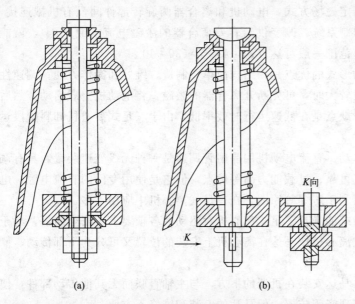

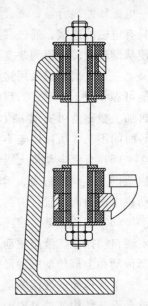

图 2-4 三足式过滤离心机弹性悬挂支承装置　　　图 2-5 橡胶弹性悬挂支承

4. 驱动装置

三足式离心机的驱动装置一般均用电动机通过带轮驱动主轴转动。在周期性循环操作的三足式离心机中，各个操作阶段的转速各不相同。一般在 200～800r/min 的转速下加料，在 1000～1600r/min 的速度下分离，在 20～100r/min 的低转速时进行刮刀卸料，所以要求驱动装置能实现宽范围的变速。另外，因不同物料要求的分离转速不同，要求驱动装置能实现连续、平滑的无级变速。目前三足式离心机中采用的调速方法有下列几种，可按分离要求和生产规模等要求选用：

(1) 多速电动机驱动　多速电动机结构简单，运行可靠，操作方便，但由于绕组的磁极对数只能成对改变，以相应的调速也只能是有级的，调速范围也很小。应用同步调速为 (750/1500)r/min 的双速电动机，可以满足中速加料和高速分离的要求人工卸料的三足式离心机中常用这种电动机作为一种简单的变速驱动装置。

(2) 主-副电动机驱动　主电功机常采用双速电动机，可驱动主轴以中速和高速转动，副电动机为一低速电动机，它的功率和转速均与过滤离心机卸料阶段的转速相适应。一般在主副电动机之间设一超越离合机构，从而实现主、副电动机分别在高、低速下驱动同一主轴而不相互干扰。

这种驱动方式的优点是使用普通电动机即可实现大幅度的变速，能满足一般机械刮刀卸料离心机对转鼓转速的要求，但这种调速仍然是有级的，无法实现高速分离阶段的变速，且减速、离合机构的制造安装也较复杂。

(3) 交流变频调速驱动　它的主要工作机构是交流电动机和一套交流变频电源装置。由于频率的变换可在较宽的范围内连续平滑地进行，所以可实现无级调速。其优点是：启动和制动平稳可靠，噪声低，没有滑动摩擦等易损零件，启动效率高；制动时电能可回收，具有节能的特点。但变频电源装置成本较高，若能用一台变频电源装置控制多台离心机运转时则较为经济合理。

(4) 转差电动机电磁调速驱动　转差电动机电磁调速是在一交流异步电动机辅出端安装

一电磁转差离合器，离合器为固定磁场方式，电动机和离合器两旋转部件间没有机械连接，只有电磁的连接。通过晶闸管控制系统，改变供给转差离合器的激磁电流（或电压），就能使从动轴的转速得到改变，调速范围一般可达（10∶1）至（30∶1）。

三足式离心机采用这种驱动形式的优点是：结构简单，制造、维修和操作方便；调速性能可靠和便于控制；当启动转矩较大时，可先断开离合器的激磁，将电动机空载启动，然后再加上激磁就可实现平滑启动。缺点是在低速运行时效率低，由于三足式离心机卸料阶段运转时间不长，所以影响不大。

（5）直流电动机无级调速驱动 直流电动机用晶闸管调速是一种无级变速装置，具有调速范围宽、调速精确、运转稳定可靠、过载能力高等优点，但它是使用专门的直流电源，电动机电刷换向装置易引起火花不利于防爆等原因，在三足式离心机中应用不多。

（6）液压驱动 液压驱动系统能满足三足式离心机对驱动的各项要求，安全防爆，易于实现自动操作。液压驱动三足式离心机按马达在离心机上安装的位置又可分为下部传动、侧部传动和上部传动三种形式。

下部传动的液压驱动形式，马达安装在机器的下方，与主轴直联而无其他传动部件，使整台设备结构简单紧凑，易于实现密闭防爆，但马达的安装和维修不方便。

侧部传动的液压驱动形式是将马达安装在离心机壳体侧部的支架上，油马达和主轴间常用齿形传动带传动，与三角传动带传动相比传动效率高且不会发热。侧部传动的形式比下部传动在油马达的安装与维修方面显得更加方便。

上部传动的液压驱动形式是将马达等传动装置集中在设备的上部，安装和维修方便。由于设备的底部没有传动机构，使下部卸料口可相应增大，有利于滤饼的排出，主轴承支承在顶盖上，受力状态得到改善，转鼓的高度可相应增大，在同样转鼓直径时可增大过滤面积和有效容积。

液压驱动形式虽然具有不少优点，但需要增加一整套油路控制系统和相应的装置，使离心机造价提高，所以这种驱动形式主要在转鼓直径较大，对于主轴的转速精度，变速和机械卸料等要求较高的条件下使用，我国现已生产 SXY-1000 型三足式下部卸料液压自动离心机。

5. 卸料装置

三足式离心机常用的卸料方式有吊出式卸料、自动降落式卸料、机械刮刀下部卸料等多种方式。因卸料方式不同，卸料机构也不尽相同。

吊出式卸料离心机的转鼓和滤袋能方便地装拆，而且滤袋设有适当的吊环，当过滤结束，离心机停止转动后用起吊装置将滤袋吊出倾倒进行卸料。

自动降落式卸料的三足式离心机，在转鼓底和外壳底盘上都有扇形开孔，在机器底盘开孔的下部装有大锥度的料斗。排料控制机构为一气动阀，机器运转时气动阀关闭，分离结束后，主机减速或停机，固体靠重力落下而同时气动阀打开料斗排料。这种排料方法特别适用于小件金属制品镀层后的洗涤脱水和块状物料的卸料。

机械刮刀下部卸料三足式离心机结构上的共同特点是转鼓底和外壳底盘上均有轮辐状的筋板和开孔，以便滤饼卸出，按刮刀的形式和运动方式不同可分为多种类型，常见的如图2-6所示。

图2-6（a）所示为径向移动宽刮刀机构（电动）。刮刀1固定于刀杆2上，刀架可沿导轨3移动，刮刀由电动机4经联轴器5、减速器6、联轴器7及螺旋副8拖动。刮刀的宽度

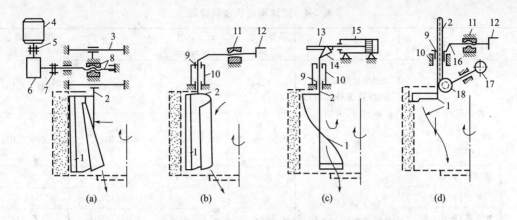

图 2-6　三足式离心机机械刮刀卸料机构

1—刮刀；2—刀杆；3—导轨；4—电动机；5,7—联轴器；6—减速器；8,11—螺旋副；9—轴承；

10—轴承座；12,17—手轮；13—齿条；14,18—齿轮；15—液压油缸；16—杠杆

大致与转鼓高度相同，进刀后刮料动作沿整个转鼓高度同时进行，所以卸料迅速，但由于使用宽刮刀，切削力大，仅适用于松软的滤饼和转鼓高度不大的场合。

图 2-6 (b) 所示为回转宽刮刀卸料机构（手动）。刮刀 1 固定在刀杆 2 上，刀杆装于轴承座 10 的轴承 9 中，带有刮刀的刀杆由手轮 12 及螺旋副 11 带动而旋转，虽然也是宽刮刀，但刮刀是沿切线方向进入滤饼的，受力情况较好，而且回转宽刮刀的运动比较简单，驱动方式除手动外，也可采用电动、液压传动、气动等多种形式，但以手动形式最为简单而且适应性较强。

图 2-6 (c) 所示为螺旋刮刀卸料机构。在刀杆 2 上固定有螺旋状的刮刀 1，刀杆 2 支承于轴承座 10 和轴承 9 上，液压油缸 15 的活塞杆带动齿条 13 往复运动，与齿条啮合的齿轮 14 使刮刀回转，调节送入油缸的油量则可调节刮刀的转速。

图 2-6 (d) 为手动窄刮刀卸料机构。刮刀在径向作回转运动，且沿转鼓的轴向作往复运动，刀杆 2 上固定着窄刮刀 1，刀杆 2 同时兼作齿条，它装在轴承座 10 的轴承 9 中，通过手轮 12 及螺旋副 11 可带动杠杆 16 摆动，杠杆 16 的动作使刀杆转动，手轮 17 通过齿轮 18 与刀杆 2 相联系。卸料时，人工交替转动手轮 12 和 17，即可使刮刀 1 作回转和轴向往复运动。采用窄刮刀卸料的切削力小，可以适用不同硬度的滤饼卸料，手动窄刮刀卸料机构还具有结构简单，操作方便和对物料的适应性强等优点。

6. 传动装置

传动装置由主电动机、离心离合器、带轮、减速机构等部分组成。主电动机位于机架底盘的下侧。带有离合器的三角带轮与主电动机以轴键连接，主电动机转动时借 V 带驱动转鼓高速回转。转鼓的低速回转则是在主电动机电源切断后，当制动装置将转鼓的转速制动到 26r/min 时，辅助电动机立即启动，并维持这个转速。

7. 滤网与滤布

为进行液、固相过滤分离，所有的过滤离心机的转鼓内都装有滤网或滤布。滤网又分衬网和面网，衬网装于转鼓内壁上，用以支撑面网或滤布，一般网孔较大，以保证滤液能顺畅流出；面网装于衬网上，要求表面光滑平整、有足够的滤液流通截面，耐磨耐蚀，且有一定的强度和刚度；滤布则按化工生产的需要，采用棉布、涤纶布、锦纶布、聚乙烯布、聚氯乙烯布、丙纶毡、聚丙烯布等。滤网和滤布都是易损件，常需更换，过滤离心机常用的金属滤网见表 2-4。

表 2-4   过滤离心机金属滤网

名称与分类			特点	板厚或丝径/mm	开孔尺寸/mm	材料	配用的离心机类型
条状滤网			由梯形截面的滤网条、拉紧螺杆及螺母组成，作网面用其尺寸符合 JB/T 8865—2010 标准	φ2.2~φ2.8	0.1~0.4	不锈钢、碳钢	WH、LI、LL
				φ2.8~φ3.2	0.1~0.4	碳钢、钢、铝	LZ、WZ、LL
板状滤网	剪切网（长缝）		用不锈钢、碳钢、钛等薄板加工而成，孔形有长缝孔和圆孔，多作面网使用，指甲网与菱格网只作衬网	0.3~0.5	0.13~0.18	IGr18Ni9Ti	LI
	百叶窗网（长缝）			0.5	0.15~0.18	IGr18NI9Ti、钛板	LI
	冲孔网（圆孔）			0.35~0.8	φ0.4~φ0.8	IGr18Ni9Ti	XZ、WG
	指甲网			0.6	指甲形缺口	黄铜	XZ（衬网）
	菱格网			1.5		不锈钢	LI（衬网）
	电铸网（长缝）			0.28~0.30	0.08~0.10	纯镍（表面镀铬）	LI
	铣制网			3	0.4	碳钢	LZ
					0.2~0.3	不锈钢	WH
编织滤网	方格网		用等截面的金属丝按正方形编织而成网孔大、作衬网用	φ1.0	4×4 5×5 6×6	不锈钢镀锌铁丝黄铜镍	WG、XJXZ、SX（衬网）
				φ1.2	5×5 6×6		
	单层席型网	网号	用不等截面的金属丝编织，经丝粗而稀，纬丝细而密，临近的纬丝相互靠紧			不锈钢镀锌铁丝镍黄铜紫铜	WG、SX、SS
		5/45		φ0.6/φ0.6			
		7/68		φ0.6/φ0.42			
		12/68		φ0.56/φ0.42			
		12/75		φ0.56/φ0.38			
	双层席型网	6/130		φ0.7/φ0.42			
		7/130		φ0.6/φ0.42			
		8/130		φ0.6/φ0.42			
		12/130		φ0.5/φ0.42			

二、工作原理

可高速回转的转鼓悬挂支承在机座的三根支柱上，工作循环开始时打开进料阀，液-固两相悬浮液从进料管到达高速运转的布料盘均匀地布于高速回转的开孔转鼓内，在离心力的作用下固体颗粒向鼓壁运动，受过滤介质的拦截在转鼓内壁堆积形成滤饼，在离心力作用下，液相通过滤饼、过滤介质，穿过滤网及转鼓壁上的小孔被甩出转鼓外，由机壳内壁和底盘承集，经排液管导出，固相颗粒被截留在转鼓上，实现了液-固两相的分离。当滤饼形成一定厚度时可停止加料并将滤饼甩干，加入洗涤液对滤饼进行洗涤并甩干，经洗涤达到分离要求后，人工卸料三足离心机停机，人工从上部将滤饼卸出；机械下部卸料离心机则通过控制系统切断主电动机电源，将回转体制动到低速运转，同时启动辅助电动机，保持回转体的这一低转速，这时，卸料机构带动窄刮刀作径向运动和轴向运动，进行卸料动作，从转鼓内壁上被刮下的滤饼由转鼓底下的大孔落出，到此一个工作循环即告完成。

三、特点

1. 优点

① 对物料的适应性强，选用恰当的过滤介质，可以分离粒径为微米级的细颗粒，也可用来使成件物品脱液。通过调整分离操作的时间，能适用于各种难分离的悬浮液，对滤饼洗涤有不同要求时也能适用。与其他形式离心机相比最大优点是当生产过程中被分离物料的过滤性能有较大变化时，也可通过调整分离操作时间来适应。

② 人工卸料的三足式离心机结构简单，制造安装维修方便、成本低、操作方便。停机或低速下卸料，易于保持产品的晶粒不被破坏。

③ 弹性悬挂支承结构，能减少由于不均匀负载引起的振动，机器运转平稳。

④ 整个高速回转机构集中在一个封闭的壳体中，易于实现密封防爆。

2. 缺点

间歇式或周期循环操作；进料阶段需启动、增速，卸料则在减速或停机时进行；生产能力低；人工上部卸料的机型劳动强度大，操作条件差，因而，其只适用于中小型的生产。

四、操作规程

1. 使用前的检查准备工作

使用前应将作业场所进行清理，保障生产操作的顺利进行，准备好过滤物料，检查离心机以下各部位：

① 地脚螺栓应未松动（无基础离心机检查是否水平），转鼓内无异物。

② 检查转鼓是否牢固地连接在主轴上，先以手用力将转鼓摇动，假如轻微的松动感觉，即应将大螺母重新紧固，重新检验是否正常。

③ 用手转动转鼓，无咬死或卡阻现象。

④ 制动装置应灵活可靠。电动机部位连接螺栓应紧固，三角带的张紧应适当。

⑤ 检查以上部位后，将工艺要求配套的滤布平整的套在转鼓上并贴在转鼓内壁和上边缘，通电点动空运转，转鼓旋转方向必须符合指示牌的转向，离心机在运转时声音均匀，不夹杂冲击或其他怪声和摩擦声。如异常声时应立即停车检验纠正。

⑥ 停机。检查结束后，先切断电源，操纵制动手柄缓慢制动，一般制动时间不得少于30s，切勿紧急制动以免机器受损，制动装置应灵活可靠。

⑦ 重新整理检查滤布。滤布不脱落，不起皱，运转后滤布不得有摩擦。

2. 离心机运行

（1）处理膏状或成件物料

① 经检查各部位正常后，将物料尽可能平均分配在转鼓内，以免发生危险。

② 加料一直进行到滤渣充满转鼓的操作容积或根据事先计算的重量限度为止，不得超过规定的体积或重量，严禁用物体敲打机壳。

③ 将离心机上盖闭合锁紧，操作人员离开离心机合适距离后，启动电动机，多次连续点动离心机，使转鼓逐渐增加转速，以达到最大转速时为止，启动时间一般为60s左右，如果操作时离心机开始猛烈跳动，必须立即停车，待停止运转后，将转鼓内物料重新铺均再开车，如仍有激烈跳动时应停车检修。

（2）处理悬浮液物料

① 经检查各部位正常后，将离心机上盖闭合锁紧，操作人员离开离心机合适距离，接通电源，启动电动机，开动离心机空转。

② 在离心机转速达到全速后，从顶部加料管逐渐将悬浮液物料加入转鼓内。

③ 加入转鼓内的物料需严格控制，严禁离心机超载工作。

（3）运行中应集中注意力，离心机在运转中，如发生下列情况之一或其他危及设备及人身安全等一切不正常现象时应立即停车，停稳后进行处理或向有关部门反应，杜绝野蛮操作。

① 发生异常振动。

② 出现撞击声和异常声音。

③ 排水孔有堵塞现象，并未见滤液排出。

④ 电动机电流超过额定值。

⑤ 超负荷运行。

⑥ 制动装置失灵。

⑦ 其他如外壳固定螺钉有松脱等现象时。

3. 离心结束后，停车

停车先切断电源，操纵制动手柄缓慢制动，使用制动时应注意不得刚关电门后一下子企图把车刹死，应该在开始时用较轻短的时歇动作，将把手几收几放逐步拉紧，以达到制动的目的。一般制动时间不得少于 50s，停机后方可人工出料，严禁离心机运转时将手或铁锹等工具伸到转动的机器内，否则可能发生事故。

五、维护和保养

三足式离心机因其结构形式不同，其维护保养工作要求也不完全相同，下面以 SGZ-1000 型三足式下部刮刀卸料离心机为例介绍三足式离心机维护保养工作要点。

1. 日常维护

① 开车之前，应检查机器油箱的油位及各个润滑点、润滑系统的注脂、注油情况，对于润滑油、脂短缺的，要按照设备润滑管理制度添加润滑油脂，一定要做到润滑"五定"（定人、定点、定质、定量、定时），并按要求进行三级过滤，一级过滤的滤网为 60 目，二级为 80 目，三级 100 目。离心机运行时，应按照巡回检查制度的规定，定时检查油粒、油压、油温及油泵注油量。

② 严格按操作规程启动、运转与停车，并做好运转记录。

③ 随时检查主、辅机零件是否齐全，仪表是否灵敏可靠。

④ 随时检查各轴承温度、油压，是否符合要求，轴承温度不得超过 70℃，若发现不正常，应查明原因，及时处理或上报。

⑤ 离心机在加料、过滤、洗涤、卸料过程中，如产生偏心载荷（如有异物、滤饼分布不匀等），回转体即会产生异常振动和杂音，因此在机器运行时，要特别注意检查其运行是否平衡，有无异常的振动和杂音。

⑥ 及时根据滤液和滤饼的组分分析数据，判断分离情况，确定滤网、滤布是否破损，以便及时更换。

⑦ 检查制动装置，制动摩擦副上不得沾油，制动装置的各零部件不得有变形、松脱等现象，保证制动动作良好。

⑧ 运行中应注意控制悬浮液的固液比，保证机器在规定的工艺指标内运行。

⑨ 检查布料盘、转鼓的腐蚀情况。

⑩ 检查各紧固件和地脚螺栓是否松动。

⑪ 随时检查油泵和注油器工作情况，保持油泵正常供油，油压保持在 0.10～0.30MPa。

⑫ 经常保持机体及周围环境整洁，及时消除跑、冒、滴、漏。

⑬ 遇有下列情况之一时，应紧急停车。

- 离心机突然发生异常响声。
- 离心机突然振动超标，并继续加大振动，或突然发生猛烈跳动。
- 驱动电动机电流超过额定值不降，电动机温升超过规定值。
- 润滑油突然中断。
- 转鼓物料严重偏载。

⑭ 设备长期停用应加油封闭，妥善保管。

2. 定期检查

① 每周检查一次刮刀与转鼓滤网间的间隙，刮刀与筛网之间的间隙为 3～5mm，调整刮刀顶端的两个调节螺钉，使刮刀下降到下止点时与转鼓底部的间隙为 3～5mm。

② 每周检查一次离合器轴承的密封，防止漏油，以免摩擦片打滑。

③ 每 7～15 天检查一次机身振动情况。

④ 每 3 个月检查清洗一次过滤器，保证无油垢、水垢、泥沙。

⑤ 每 3～6 个月分析润滑油质，保证润滑油品质符合标准。

⑥ 每 12 个月检查校验一次仪表装置是否达到性能参数要求，确保仪表装置准确灵敏好用。

3. 润滑制度

SGZ-1000 型三足式离心机润滑剂及添加量、润滑部位、润滑周期等规定详见表 2-5。

表 2-5　SGZ-1000 型离心机润滑剂、润滑部位及润滑周期

润滑部位		润滑剂	代用油品	润滑方式	设计油面观测点	润滑剂耗量/(kg·台⁻¹)		参考润滑周期	备注
						首次加注量	年平均耗量		
机架（球面垫圈）		钙基润滑脂 ZG-2	锂基润滑脂 ZG-2	手工注脂		20g	1	1次/周	
制动装置（转动配合处）		钠基润滑脂 ZN-2	锂基润滑脂 ZN-2	手工压注	油杯	20g		1次/月	
减速机	转动配合处	钠基润滑脂 ZN-2	锂基润滑脂 ZN-2	手工注脂	油杯	20g	0.5	1次/6月	
	蜗轮-蜗杆机构	汽轮机油 L-TSA32	汽轮机油 L-TSA46	强制循环	油位计	5	10	1次/6月	更换新油
液压控制系统（供油站）		汽轮机油 L-TSA32	汽轮机油 L-TSA46	强制循环	油位计	40	100	1次/6月	更换新油
回转体主轴承		钠基润滑脂 ZN-2	锂基润滑脂 ZN-2	手工压注	油杯	20g	1	1次/6月	
卸料机构	转动配合处	钠基润滑脂 ZN-2	锂基润滑脂 ZN-2	手工压注	油杯	20g	1	1次/周	
	转动配合处	全损耗系统用油 L-AN32	全损耗系统用油 L-AN46	手工加注	油杯	20g	1	1次/班	
	球面垫圈	全损耗系统用油 L-AN32	全损耗系统用油 L-AN46	手工加注				1次/班	

4. 机器的调整

三足式离心机在运行前或运行的停车间歇时及时地进行检查和调整，是使机器保持良好运行状态的重要保证，也是机器维护保养工作的重要组成部分。

（1）机械调整

① 刮刀旋转角度的调整。调节刮刀座顶部的两个调节螺钉，使刮刀旋转到刀口距滤网（面网）间隙为 3～5mm 的位置，刮刀在旋转复位时，刮刀与转鼓应无碰擦。调整好后，将锁紧螺母拧紧。

② 刮刀升降行程的调整。使刮刀下降到最低位置，调节刮刀顶端的两个调节螺钉，此时，刮刀片距转鼓鼓底的间隙应在 3～5mm 范围。调整好后，拧紧锁紧螺母。

③ 紧固行程开关。在完成上述①、②两项调整后，各极限位置的碰块应能触动行程开关并使之动作，此时，拧紧行程开关的固定螺钉。

（2）液压系统的调整　即油泵工作压力的调节，调节溢流阀，使油泵输出压力维持在 1.0～1.5MPa（表压）范围。

（3）电气控制系统的调整　即调整各工序动作的延续时间，通过调整相应的各时间继电器来实现。

（4）多次进料的时间调整　先将开关扳向"多次进料"位置，再调整多次进料的总时间继电器、每次进料间隔延时时间继电器。

（5）刮刀在止点位置停留时间的调整　刮刀旋转到位和下降到位的停留时间一般应调整在 5～10s 范围内。

（6）进料时间的调整　"自动操作"时，调整继电器，使之在转鼓达到全速（1000r/min）时开始进料。

（7）卸料速度的调整　当转鼓制动到 26r/min 的低速时，辅助电动机应立即启动，辅助电动机不能在高于或低于 26r/min 的速度下启动。

六、常见故障与排除

三足式过滤离心机常见故障与处理方法见表2-6。

表 2-6　三足式过滤离心机常见故障与处理方法

故障现象	产生原因	排除方法
振动大	转鼓失去平衡	校验静平衡
	主轴弯曲	校正主轴
	地脚螺栓松动	紧固
	轴承损坏	更换轴承
	缓冲弹簧剥蚀严重，张力低	更换弹簧
	摆杆磨损大	检查及更换
	加料不均匀	控制加料
转鼓不转，主电动机空转	启动离合器损坏	检修及更换
	摩擦片打滑	清洗及更换
	摩擦片损坏	更换
刮刀跳动	油压系统未排气	排气
	磨损超过规定	更换刮刀杆
轴承温度升高	安装不合理	查原因，重装
	缺少润滑油	加油

续表

故障现象	产生原因	排除方法
转鼓撞击外壳	转鼓摆动严重 外壳安装不准 有异物	查原因后消除 重新安装 消除
电动机电流增大	刹车失灵 负荷过大	检查修理 控制加料量
转鼓不转,辅电动机空转	棘轮和棘爪配合失灵 棘爪弹簧折断	拆开重装 更换弹簧
刮刀动作不灵活	油阀失灵 油压不足 油压缸串油 循环油路堵塞	修理或更换 检查油路和滤油器 检查油缸及密封圈 疏通油路
制动失灵	制动闸断裂 固定销脱落 摩擦片打滑 摩擦片磨损	更换 重配 清洗或更换 更换

七、检修标准与试车验收

1. 检修标准

(1) 转鼓

① 对裂纹、点蚀等缺陷可用补焊修补,补焊总长度不超过转鼓上焊缝长度10%。

② 焊缝应用放大镜进行外观质量检查,不应有气孔、夹渣、裂纹等缺陷。焊缝咬边深度不大于0.5mm。

③ 同一处焊缝修补次数,不锈钢为一次,碳钢为二次。

④ 焊缝修补较长时,转鼓要找静平衡。

⑤ 转鼓壁厚减薄1/3时应予更换。

⑥ 新转鼓应校验动平衡。

⑦ 转鼓椭圆度误差不大于 $0.002D$（D 为转鼓直径）。

⑧ 转鼓的径向圆跳动不大于 $0.001D$。

⑨ 转鼓和主轴配合面处应均匀贴合,贴合面不低于80%。

(2) 主轴

① 主轴应经探伤检查,不得有裂纹、腐蚀,其缺陷不许修补。

② 主轴中心线全长的直线度误差不大于0.05mm。

③ 主轴与轴颈各加工面的同轴度误差不大于0.03mm。

④ 主轴轴颈不应有伤痕、沟槽等缺陷。各加工配合面粗糙度 $Ra \leqslant 1.6$。

⑤ 轴颈和轴承配合采用H7/m6,轴承安装必须紧靠轴肩,热套法油浴温度100~120℃。

(3) 机座

① 支柱腐蚀严重时予以更换,新支柱应采取防腐措施。

② 支柱内摆杆和摆杆孔磨损间隙增大至影响悬吊时应予以更换。

③ 缓冲弹簧剥蚀严重、张力降低予以更换。

④ 轴承座的轴承孔圆柱度误差不大于0.02mm,各加工面的同轴度误差不大于0.01mm。

⑤ 制动装置应平稳可靠，制动摩擦片铆接材料为铜或铝，铆钉不得露出摩擦片外，摩擦片和制动轮间隙应均匀。

⑥ 液压制动装置的液压部分见下述液压缸部分。

(4) 刮刀装置

① 液压缸。

a. 解体检查缸体应无裂纹、腐蚀、剥落等缺陷，必要时作强度试验。

b. 活塞和油缸的配合表面粗糙度 $Ra \leqslant 0.8$，活塞在油缸内移动应无卡阻现象。

c. 油缸拆洗后，O 形密封圈和皮碗应予以更换。

d. 油缸部件装配后应进行漏油试验，试验压力为工作压力 1.5 倍，并保持 5min 以上不得降低，试验时不允许有任何渗漏现象。

e. 活塞杆磨损不大于 0.20mm。

② 传动齿轮的维修要求见 JB/T 9050.1—1999《圆柱齿轮减速器通用技术条件》。

③ 刮刀旋转装置调整后应牢固可靠。

④ 刮刀杆中心线和主轴中心线的平行度误差不大于 0.001L（L 为刮刀伸缩长度）。

⑤ 刮刀和筛网或滤布压板径向间隙为 5~7mm，和转鼓底盖见的轴向间隙为 3~5mm。

2. 试车验收

(1) 试车前的准备工作

① 清除机体周围障碍物，盘动转鼓，应无碰擦现象。

② 检查油位和添加润滑油。

③ 检查制动装置有无碰擦。

④ 刮刀调节至规定位置。

⑤ 在空载试车前应先对液压系统和刮刀装置进行单独试车合格。

⑥ 检查接地线完好。

(2) 试车

① 空载试车。

a. 确认试车准备工作完好后，可点车一次，确认转动方向正确后再开车，试车时间为 2h。

b. 运转应无碰擦、噪声和异常振动。

c. 各紧固件无松动变形。

d. 油压系统工作正常，各阀动作可靠。

e. 刮刀升降、旋转灵活，无碰擦。

f. 各转动部件温升正常。

g. 各密封处无泄漏。

h. 减速装置工作正常。

② 负荷试车。

a. 空载试车合格后，进行 4h 负荷试车。

b. 运转平衡，无噪声，无异常振动。

c. 主轴承温度不超过 65℃，电动机电流不超过额定值。

d. 各控制系统工作准确、灵敏。

e. 推料机构工作正常，无颤抖。

（3）验收

检修质量符合要求，检验记录齐全准确，经试车合格后，可办理验收手续，交付生产使用。

第三节 螺旋卸料式沉降离心机的结构与维护

沉降离心机的转鼓鼓壁无孔，固体颗粒沉积，于鼓壁内侧。此种离心机滤饼含湿量较高，且溢流的清液中含固体颗粒量较多。常用来分离悬浮液中含固体颗粒较少、同时固体粒度较细微，且固、液两相密度差较大的物料。沉降式离心机一般转速较高，$n = 7000 \sim 8000 \mathrm{r/min}$，适应于固相含量较少，固体颗粒较小（$d < 10 \mu m$）液-液、液-固和液-液-固的分离。

一、结构

螺旋卸料式离心机分立式和卧式两种，但工业上以卧式为主，简称"卧螺"。其结构示意图如图 2-7 所示，其结构主要由高转速的转鼓、与转鼓转向相同且转速比转鼓略高或略低的螺旋和差速器等部件组成。

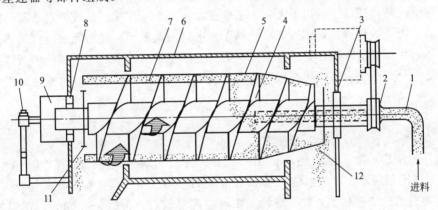

图 2-7 卧式螺旋卸料沉降离心机工作原理

1—进料管；2—V 形带轮；3,8—轴承；4—输料螺旋；5—进料孔；6—机壳；7—转鼓；
9—行星差速器；10—过载保护装置；11—溢流孔；12—排渣口

1. 转鼓

转鼓的形式大体有三种，分别为圆筒形、圆锥形和筒锥组合形。一般来说，圆筒形利于液相的澄清；圆锥形利于固相的脱水；而筒锥组合形兼具两者优点。转鼓的长径比一般为 $1 \sim 2$（或 $1 \sim 1.5$），圆锥筒锥角一般为 $10° \sim 11°$；易于输渣锥角一般为 $5° \sim 18°$。转鼓材料一般为不锈钢、高强度不锈钢、钛钢和玻璃钢。转鼓为整体铸造或焊接而成。

转鼓主要结构参数包括转鼓直径、转鼓长度、转鼓锥角、溢流口直径、出渣口直径。这些参数直接影响螺旋卸料离心机的分离能力、处理能力和输渣能力。出渣口与渣的摩擦程度比任何部分都大，为保护出渣口常采用喷涂耐磨材料或可拆换的耐磨衬套。

2. 螺旋输送器

主要组成部件包括螺旋叶片、内管、进料室。螺旋叶片形式大致分为整体形、带状形、断开形；又可分为单头、双头，左旋式、右旋式。

螺旋输送器是利用螺旋与转鼓之间的转速差将转鼓壁上的沉渣输送到出渣口排出。当物料中有砂粒存在时，螺旋叶片会磨损，使得输渣能力下降。故要求叶片具有一定的耐磨性。叶片的本体材料一般与转鼓相同，可通过在易磨损处堆焊硬质合金（常用碳化钨）、采用表面喷涂技术（火焰喷涂、电弧喷涂、等离子喷涂、爆炸喷涂）、采用可更换的耐磨扇形片作为螺旋外圈这三种方法来增加螺旋叶片的耐磨性。

3. 变速器

有摆线针轮行星变速器和渐开线行星齿轮变速器两种。用于实现转鼓与螺旋输送器之间的差速（变速），传递大转矩。采用电动机经三角带轮，带动转鼓旋转（转速 N_b），由行星轮变速器变速后，带动螺旋输送器转动（转速 N_S），一般 $N_b < N_S$。

特点：行星轮变速器可实现同轴传动，转向相同，可任意传动比，转矩大。

4. 过载保护装置

包括分电控机械式、机械液压式和机械式三种。

二、工作原理

卧螺离心机的工作原理如图 2-7 所示。悬浮液经进料管 1 连续输入机内，经螺旋输送器 4 的内筒出料口进入转鼓内，在离心力作用下悬浮液在转鼓内形成一环形液流，固体粒子在离心力作用下沉降到转鼓 7 的内壁上，由于差速器 9 的差动作用使螺旋输送器与转鼓之间形成相对运动，沉渣被螺旋推送到转鼓小端的干燥区进一步脱水，然后经出渣口排出。液相形成一个内环，环形液层深度是通过转鼓大端的溢流挡板进行调节的。分离后的液体经溢流孔排出，沉渣和分离液分别被收集在机壳内的沉渣和分离液隔仓内，最后由重力卸出机外。

三、特点与应用

1. 特点

① 应用范围广，能广泛地用于化工、石油、食品、制药，环保等需要固-液分离的领域。能够完成固相脱水，液相澄清，液-液-固、液-固-固三相分离，粒度分级等分离过程。

② 对物料的适应性较大，能分离的固相粒度范围较广（0.005～2mm），在固相粒度大小不均时能照常进行分离。

③ 能自动、连续，长期运转，维修方便，能够进行封闭操作。

④ 单机生产能力大结构紧凑，占地小，操作费用低。

⑤ 固相沉渣的含湿量一般比过滤离心机高，大致接近于真空过滤机。

⑥ 固相沉渣洗涤效果不好。

2. 应用

应用于化工（如合成纤维树脂、聚氯乙烯）、煤炭（如煤粉的脱水）、食品（如淀粉的脱水）、制药（如动物油脂的分离）、冶金（如矿砂和浸渍液的分离）、环保（如活性污泥的脱水）等行业。

四、操作规程

1. 开机前的准备

① 各润滑位置的加油应满足要求。对轴承和差速器加注润滑脂或润滑油，各密封部位应无泄漏。

② 检查进料管是否连接正确，出料阀门是否处于关闭状态。

③ 打开上盖，清除上下机盖黏结的沉渣。

④ 分别用手盘动差速器带轮（转鼓不转动），转鼓外壳（辅电动机带轮不转动），均能较易转动且无摩擦与不正常的声音。

⑤ 所有连接螺栓应紧固，三角传动带张紧适度。

⑥ 点动电动机，检查电动机的转向是否与要求的方向一致（从进料管端看，转鼓应作顺时针旋转）。

2. 开机

调整变频器，运行一段时间后停机检查各部分是否有碰擦现象。若有异常响声，须查明原因并排除；若无，再调整到运行所需要的频率，运行时检查：

① 温度和分离性能是否处于稳定状态。

② 行星差速器及各密封部位有无渗漏现象。

③ 振动有无增加，若增加，必须查明原因。

④ 电动机的工作电流是否正常，电流是否波动。

⑤ 应经常检查主轴承温度，其温度≤75℃，其温差≤35℃，轴承温度过高应停机检查原因并予以排除。

3. 进料

① 开始进料时要缓慢增加进料量，逐步达到规定值，以免差速器损坏。

② 采用任何一种可鉴别的方法，保证进料量没大的波动。

③ 记录分级或分离物料时的工况，当工况改变时或分级、分离物料效果不理想时，参照故障及处理作相应的处理。

4. 停机

① 停机前，关闭进料阀，通入适宜温度的水或适合的清洗液进行冲洗，冲洗时间根据所分离的物料特性定，一般要冲洗到清相较清为止。

② 冲洗完毕后，断开电动机电源，但仍继续通水或清洗液，直到机器即将停止运转，整机完全停稳需半小时左右。

③ 停机时，液体可能从固相出料口流出，若对渣的干度要求较高，应避免流出的液体进入分离好的沉渣中，而从另行设置的管道中引出。

④ 如果需要排干转鼓内的液体，打开转鼓大端的放水螺塞即可（切记，水排完后，应重新旋紧放水螺塞）。

⑤ 用手盘动差速器的带轮，检查冲洗效果，若很吃力，则需进一步清洗转鼓、螺旋输送器与机壳内腔。

五、维护和保养

（1）沉降式离心机的故障绝大多数是由齿轮箱引起的。因为齿轮箱结构复杂，整体高速运行，传热不好，温度较高，内部运转配合件多。因此，齿轮箱的正确维护很重要。

① 正确选用优质润滑油。

② 加油量要适当，不能过多或者过少。加油量过多会造成搅油损失过大，发热严重，温度升至油膜破裂温度，损坏齿轮箱。

③ 定期拆开清洗齿轮箱内的油泥，尤其是新机器，磨合的金属屑和油泥会因离心力沉

积在齿轮箱内壁上，要及时清除。

④ 换油时，要注意新加入的润滑油与放掉的润滑油不要有过大温差，不能加入温度过低的润滑油，尤其是在冬季。因为齿轮箱内铜瓦间隙很小，加入温度过低的润滑油，容易造成间隙过小抱死或者润滑油润滑效果不良而损坏齿轮箱。

⑤ 可以用红外测温仪等早期监测齿轮箱运行状况，以便及早发现故障，避免造成更大损坏。尤其是检修、维护后首次运行时，更为重要。

⑥ 因为齿轮箱可能发生突发故障，而离心机在连续生产装置中的作用较关键，为防止因为齿轮箱故障造成长时间停车，管理上应考虑配备齿轮箱备机，以应对突发故障。

（2）螺旋轴承安装位置在内部，难于拆卸、检测，因而要加强维护，保证其正常运行。为防止润滑脂干涸、变质，要选用优质耐温润滑脂，约每3个月就加注新润滑脂。加注时，要保证新润滑脂将旧润滑脂顶出、新润滑脂从出口排出为止。而且要加强管理，确实分清加油嘴和排油嘴，切不可混淆。

（3）传动带要定期拉紧，保持适度的张紧力，防止过度磨损传动带和带轮，以延长传动带和带轮寿命。传动带要整槽、定期及时更换。

（4）要定期更换齿轮箱内的轴承、油封、O形圈等易损件。

（5）要定期更换螺旋轴承和油封等易损件，以保证离心机长期稳定运行。

（6）在生产实践中，因为离心机不可避免地有振动，有时机壳的应力集中部位，或者小缺陷处可能出现局部小的疲劳裂纹，使机器发出异常声音。这时要停机打开机壳仔细检查才能发现小裂纹。一般只需补焊裂纹处即可消除异常声音，排除故障，恢复正常运行。

六、常见故障分析与排除

螺旋卸料式沉降离心机常见的故障与处理方法见表2-7。

表 2-7   螺旋卸料式沉降离心机常见故障与处理方法

故障现象	可能原因	处理方法
机器不能启动	电气故障	检查、排除电气故障
启动中振动大	转鼓内有余料	手盘转鼓排出 点动2～3次，然后启动
分离的液相不清	处理量太大 溢流半径太大	减少处理量 减少溢流半径
固相不出料	溢流半径太大 差转速太小	减少溢流半径 更换带轮，加大差转速
固相出料太湿	溢流半径太小 差转速太大	加大溢流半径 更换带轮，减少差转速
差速器噪声大	轴承损坏 齿轮损坏	更换轴承 修理或更换齿轮
主轴承温升过高	润滑系统故障 轴承损坏	检查、排出 更换主轴承
运转电流不断上升	堵料	停止进料，进水清洗 调整进料参数 加大差转速

第四节　管式（分离式）分离机的结构与维护

管式分离机的分离因数高达 13000～62000，分离效果好，适于处理固体颗粒直径 0.01～100μm、固相浓度小于 1‰、轻相与重相的密度差大于 0.01kg/dm 的难分离悬浮液或乳浊液，每小时处理能力为 0.1～4m³。管式分离机常用于油水、细菌、蛋白质的分离，香精油的澄清等。特殊的超速管式分离机可用于不同密度气体混合物的分离、浓缩。

一、结构

如图 2-8 所示，这类离心机在固定的机壳内装有高速旋转的狭长管状无孔转鼓。转鼓直径要比其长度小好几倍。通常转鼓悬挂于离心机上端的橡皮挠性驱动轴上，其下部由底盖形成中空轴并置于机壳底部的导向轴衬内。转鼓的直径在 200mm 以下，一般为 70～160mm。这种转鼓允许大幅度地增加转速，即在不过分增加鼓壁应力的情况下，获得很大的离心力，转鼓的转速一般约为 15000r/min。

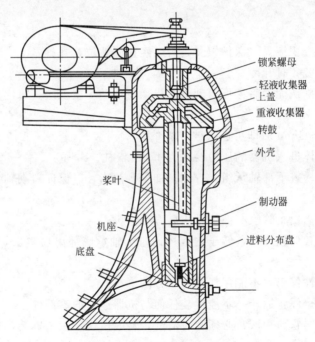

图 2-8　管式分离机示意图

图中标注：锁紧螺母、轻液收集器、上盖、重液收集器、转鼓、外壳、桨叶、制动器、机座、进料分布盘、底盘

二、工作原理

在管式分离机中，待处理物料经下部一固定的进料管进入底部空心轴而后进入鼓底，利用圆形折转挡板将其分配到鼓的四周，为使液体不脱离鼓壁，在鼓内设有十字形挡板。液体在鼓内由桨叶加速至转鼓速度，轻液与重液在鼓壁周围分层，并通过上方环状溢流口排出。

在分离机的转鼓上部，轻液是通过驱动轴周围的环状挡板环溢流而出，而重液则通过转鼓上端装有可更换的不同内径的环状隔环来调节轻重液的分层界面。如果将管式分离机的重液出口关闭，只留有轻液的中央溢流口，则可用于悬浮液的澄清，称为澄清式分离机。悬浮液进入后，固体沉积于鼓壁而不被连续排出，待固体积聚达到一定数量后，以间歇操作方式停车拆下转鼓进行清理。管式分离机的固体容量很少要超过 2～4.5kg，为了操作经济，物料中的固体含量通常不大于 1%。

三、特点和应用

1. 特点

（1）优点 分离强度大，离心力为普通离心机的 8～24 倍；结构紧凑和密封性能好。

（2）缺点 容量小；分离能力比倒锥式液体分离机低；处理悬浮液的澄清操作系间歇操作。

2. 应用

管式分离机的转鼓形状如管，直径小，长径比大，转速高，分离因数大。物料在转鼓内的停留时间长，对粒度小、固液相密度差小的物料分离或澄清效果好，适于高分散难分离悬浮液的澄清和乳浊液及液-液-固三相混合物的分离。

澄清型管式分离机适用于固相浓度不大于 1% 的悬浮液的澄清，特别适合于固相浓度低、黏度大、固相颗粒粒度小于 $0.1\mu m$、固-液相密度差大于 $10kg/m^3$ 的悬浮液的分离。

四、操作规程

1. 开机

① 开机前要检查积液盘，保护螺套是否已经正确就位，并旋紧。

② 如用冷却系统，打开冷却套。

③ 经检查一切确认无误后方可启动离心机，先点动一至二次，每次点动间隔 2～3s，然后启动。

④ 稳定运转 2～3min 后即可通入被分离介质。

⑤ 被分离的液体进入机器的压力要求为 1.5m 液柱。

⑥ 每次运行前检查下部轴承组，拧油杯加少量油脂，以保证滑动轴承的良好润滑。

2. 停机

① 切断供料，当出料管没有液体排出后方可停机。

② 当转速降到较低速度时，转子内液体通过下轴承底部出口溢出，用预先准备好的器具收集残余液体。

③ 机器只能惯性停车，不能用任何强制方法停车。

④ 机器没有完全停止运转，不能拆装任何与机器连接的零部件。

⑤ 进料管、出料管、积液盘必须及时清洗，转鼓按规定工艺拆装，及时清洗或消毒。

五、维护和保养

1. 拆装步骤

① 转鼓停止后，将锁紧套按逆时针旋转，松开垫套，取下垫套放置在固定位置，将锁紧套向上托住逆时针旋转让其固定在上部位置。

② 用开口扳手叉住转鼓顶部螺纹下扳手位和主轴螺母扳手位，抓住两扳手的手各往胸外用力旋转，卸掉螺母。然后将主轴、主轴螺母一起上窜，使其卡紧在轴心座的圆锥面上。再从机身上取下护套拧在转鼓顶部螺钉上。

③ 松开并取下固定转盘的四个固定螺钉，摇动手柄使机向身筒旋转至偏离原位置约 35°角度，依次拆下液盘盖和集液盘。

④ 手扶住转鼓顶部，转鼓套内边垫一块无尘抹布，摇动手柄使机身筒旋转至水平位置

⑤ 双手轻轻将转鼓拉出放在转鼓专用存放车卡好位置，固定。

⑥ 用转鼓拆卸专用呆扳手逆时针拆下底盘。

⑦ 将转鼓内表面的沉淀物用刮板、铲子将其清出。用三翼板专用拉钩水平拉出三翼板。

⑧ 用锤逆时针轻击进液轴承座上的锁紧帽，卸下喷嘴和进液管。

⑨ 用内六角扳手卸下进液轴承座上固定螺栓，并拆下进液轴承座。用半圆勾扳手卸掉压帽。取下大压簧。逆时针旋转卸掉铜套压帽。

2. 日常保养

① 检查电线接头不得裸露，机器本身接地良好，线路无老化、损伤。

② 检查各部件、工具锈蚀情况，防锈处理。

③ 检查进液轴承座大压簧老化松紧检查，钢套表面检查。

④ 涨紧轮检查轴承、固定、涨紧情况。

⑤ 检查电动机传动带松紧及磨损情况，有无打滑，是否在轮中心位运转。电动机固定情况是否良好。

⑥ 检查主轴磨损情况，垂直度。检查转鼓垂直度及外观和损伤情况。

3. 装配要领

① 松开固定转盘的四个固定螺栓，摇动手柄使机身筒旋转至水平位置，用内六角扳手拧紧进液轴承座上固定螺栓，固定进液轴承座于机身转筒上。

② 进液管放进锁紧帽，喷嘴放入进液轴承座内，用锤顺时针轻击进液轴承座上锁紧帽，固定喷嘴和进液管。

③ 将转鼓放在转鼓专用存放车上并卡好位置，固定好。

④ 将三翼板一边对准动平衡时确定的记号位置，用力推入转鼓内顶部。将底盘用转鼓拆卸专用呆扳手顺时针固定，底盘与转鼓动平衡时确定的记号位置要对准，两者间偏离不得超过 20mm。

⑤ 在转鼓套内边垫一块无尘抹布。抱住转鼓鼓身，一手抓住转鼓顶部，放入机身筒内，将主轴钢套对准进液轴承座铜套中心装入。一手扶住转鼓顶部，一手摇动手柄使转盘旋转至离水平位约 60°位置，取下无尘抹布，依次套入集液盘和液盘盖。

⑥ 摇动手柄使机身筒旋转至垂直位置，用四个固定螺钉将转盘与机身固定。

⑦ 拧下转鼓上的护帽，并将护帽随手拧在机身上。用手轻拍主轴，同时用另一只手接住，防止与转鼓碰装。检查主轴上部传动销是否在卡槽内，销两端均等。检查转鼓与主轴的结合处，确认干净后，用开口扳手叉住转鼓顶部螺纹下扳手位使转鼓顶部平面与主轴底部平面卡位对齐并平实密合嵌入。用开口扳手叉住主轴螺母扳手位，抓住两扳手的手各往胸内用力旋动，拧紧螺母。用专用扳手转动转鼓，查看转鼓转动时偏离垂直中心情况，如偏离中心，需卸掉重新装配主轴和转鼓至旋转无偏离垂直中心。

⑧ 将锁紧套按顺时针旋转拧下，垫套放入集液盖凹槽内，将锁紧套按顺时针旋转拧紧固定。

⑨ 顺时针旋紧油杯，使润滑油进入钢套内。

⑩ 将进料管连接到进液口。启动电动机，待 80s 后，机器进入全速状态，打开进料阀门，设定冷水机温度，打开冷冻水开关，开始进料离心。

⑪ 进料完毕，关掉进料阀，关掉冷冻水待集液盘没有液体流出，关闭电动机。切断电源，待转鼓自由停止。

六、常见故障和排除方法

管式分离机常见的故障与处理方法见表2-8。

表2-8 管式分离机的常见故障与处理方法

故障	可能原因	处理方法
转鼓不能达到额定转速或需要很长时间	制动没有拉开	打开手动制动
	电动机安装不正确	电动机接线是否正确
	液体离合器内油不够或漏油	加油,紧固油嘴螺母离合器内密封圈有问题
	转鼓太高或太低,与泵摩擦	调整转鼓高度
	蜗轮紧固卡圈没有紧固,以至在轴上滑动	拧紧螺母,转矩45N·m
运行中转鼓速度下降	离合器油不够	加油
	电动机自身速度下降	检查电动机和电压
	转鼓上部大密封圈损坏	更换密封圈
	小水阀的密封圈损坏,密封水泄漏	更换密封圈
转鼓达到额定速度过快(少于8min),电流过大	离合器内油量太多	排放过多的油
分离机转动不平稳	排渣不彻底,鼓内渣分布不均	多做几次部分排渣,如果还不能改善,用水冲洗转鼓。关闭分离机,打开制动,彻底清洗分离机
	转鼓安装不正确或使用了不同分离机部件	正确安装,防止不同分离机部件互换
	分离蝶片太松	增加蝶片数量,锁环O位正确
	转鼓磨损,失去平衡	将转鼓送去检验,不要自己维修。千万不要焊接,转鼓由热处理钢构成
	颈部轴承支承弹簧有问题	更换9个弹簧
	球轴承损坏	更换损坏轴承 一定使用供应商提供轴承

第五节　其他常见离心机结构和维护

一、上悬式过滤离心机

上悬式过滤离心机的结构如图2-9所示。上悬式离心机是一种新型间歇式重力、机械或人工卸料离心机,分有过滤式和沉降式两种类型,应用较为广泛。

上悬式离心机的结构特点是:将转鼓固定在较长的挠性轴(主轴)下端,主轴的上端装有轴承座并悬挂在机架的铰接支承座上。铰接支承内装有弹性缓冲环(橡胶材料制造),以限制主轴的径向位移,减小转子(转鼓)运转不平衡时轴承承受的动载荷。由于主轴系统转速介于第一、二阶临界转速之间,采用细长轴及挠性支承形式,使支承点远远高于回转体质心,回转部件具有自动对中特性。当机器运行时,

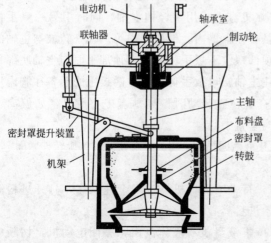

电动机
轴承室
联轴器
制动轮
主轴
布料盘
密封罩
转鼓
密封罩提升装置
机架

图2-9　上悬式过滤离心机

因加料引起不均匀则能自动对中，大大减小机器振动。离心机转鼓转动是由立式电动机通过摩擦离合器与主轴直接相连传递转矩，这种支承和传递装置的润滑油易于密封不泄漏，不致污染滤液和滤渣。

上悬式离心机结构简单，运转平稳，能方便地从底部进行人工卸料，也可采用机械或重力自动卸料。工作循环包括启动、加料、分离、洗涤、干燥、停机、卸料、洗网等工序，设备易于实现自动或程序控制。

上悬式离心机均采用底部卸料。卸料方法有重力和机械卸料两种，为了减轻操作人员的劳动强度，提高生产能力，改善生产现场的卫生条件，近年来多数采用多速电动机或者直流电动机驱动，并用电气、气动或液压联合控制的全自动或半自动的上悬式离心机。

1. 结构

上悬式离心机主要由机架、回转体、悬挂支承结构、卸料机构、驱动装置、加料量控制机构等部分组成。回转体中转鼓结构因卸料方式不同而不同，机械卸料（刮刀）的转鼓鼓底是水平的，由鼓底、轮辐筋条、轮鼓、筒体、挡油板组焊而成，便于刮刀卸料时刮干净；而重力卸料转鼓由底环、轮辐筋条、轮鼓、锥体、圆筒体、挡油板主焊而成，筒体和锥体连接处有圆滑过渡，便于卸料时滤渣颗粒在重力作用下能顺利从锥体滤网上滑落。转鼓内装有两层或三层滤网，分别是与转鼓壁接触的衬网和与物料接触的面网。上悬式离心机的悬挂支承主要采用锥形橡胶套支承和球面支承两种形式，目前锥形橡胶套支承因其结构合理、寿命长、允许主轴有较大摆动而广泛应用。上悬式离心机采用人工卸料或重力卸料时无特殊的卸料机构，机械刮刀自动卸料上悬式离心机采用窄刮刀卸料。卸料刮刀机构按进给形式分三种类型：移动升降式窄刮刀卸料装置、旋转升降式窄刮刀卸料装置和螺旋刮刀卸料装置。上悬式离心机驱动是由电动机轴与转鼓主轴直接驱动，而加料量控制机构大部分是由转鼓内装置的探头来实现的。

2. 工作原理

如图 2-9 所示，为上悬式过滤离心机的结构简图。主轴下端固定转鼓，上端装有支承轴承箱，并悬挂在机架上部的轴承座上，电动机通过弹性联轴器与主轴连接，带动转鼓转动。主轴中部装有套管，套管上端连有操纵套管罩沿主轴上下滑动的铰接杠杆系统，下端装有布料盘和锥形封料罩。在分离过程中，加料开始前操纵杠杆使封料罩向下移动，封住转鼓底的卸料孔后，开始加料。悬浮液由料槽送到旋转的布料盘上，在离心力作用下，将悬浮液均匀地分布在转鼓内表面上，低速加料时，封料罩应放在图示位置，封住鼓底出料口，防止物料从卸料孔飞溅出去，还可以防止转鼓底轮辐造成强大的空气涡流，而使悬浮液温度下降和黏度增高，影响过滤和洗涤效果。分离、洗涤、甩干结束时，制动主轴，当主轴转速达到卸料转速时，操纵套管上升，打开转鼓底卸料孔，此时卸料刮刀在电气液压联合作用下进行刮料，滤渣在重力作用下从卸料孔排出机外。机壳分为上、下两段：下机壳用耳环或支座固定在基础上，基础中心的滤渣排出孔与转鼓卸料孔相对应连接，并用橡胶片密封好，避免滤渣飞溅出接料斗外，底板最低处有滤液和洗涤液排出接管口；上机壳由两个半圆壳体用螺栓组合，再与下机壳连接。机壳顶盖分为左右两半圆板，由螺栓紧固，顶盖上开有主轴、刮刀轴、料层厚度探头和送料槽等零部件的伸入孔。机壳用于收集转鼓过滤孔甩出的滤液和洗涤液，并从底部排出机外。机壳除有上述功能外，还有防止外来杂质污染滤渣等作用。卸料刮刀在电气和液压联合作用下进行刮料卸出机外，控制盘和探头限制进料量，使装料不超过允许量，以免机器超负荷运行。上悬式离心机转鼓的制动采用电动机再生和机械联合制动方式，在停机减速阶段，即从全速降至 300～350r/min，阶段时，用电动机再生制动（改变电动机的输入电流即反接），然后再操作制动器抱紧主轴上的制动轮进行制动。

3. 安全操作规程

① 第一次使用前应清洗转鼓，先手动扳动转鼓，观察有无异声或不正常之处。

② 务必在空载状态下启动，在达到全速后，方可进料。进料的物料浓度要求大于 15％。

③ 在一般正常进料情况下，力求一次连续进料完毕，不然会因间断产生的布料不均引起机器的振动。进料速度由操作人员视物料浓度自行确定，但进料量不得超过装料限重。在进料过程中，主轴如产生较大摆动时，不得继续进料，应立即停车检查，并采取相应措施，排除故障。

④ 过滤分离时间，由物料性质及分离要求而定，一般控制在 15～20min 之内。

⑤ 在运转过程中，若听到机内有金属摩擦碰击声或其他异声，应立即停车检修。如遇紧急事故，应立即断开电源，再行紧急制动。

⑥ 如机器曾经严重振动，须检查各连接螺钉有无松动与断裂。

⑦ 每次分离完以后，须先断开电源，并稍等片刻后，再进行制动，切勿一次性将车刹死，应分 3～5 次断续进行，整个制动时间控制在 30～40s 为宜。

⑧ 先待转鼓完全停稳后，方可卸料。

⑨ 卸料完毕，准备下一次进料、分离。

⑩ 如长时间停止使用，应切断电源。

⑪ 操作者除应按上述规定操作外，还应遵照《操作规程》和《安全规程》。

4. 上悬式过滤离心机特点

优点：① 运转稳定，并允许转鼓有一定的自由振动；

② 卸除滤渣较快、较易；

③ 支承和传动装置不与液体接触而不受腐蚀；

④ 处理结晶物料时，采用重力卸料则晶形保持完整无破损；

⑤ 结构简单、操作与维修方便。

缺点：主轴较长且易磨损，运转时振动较大，卸料时要先提起锥罩后才能将滤渣刮下，劳动强度较大。

5. 上悬式过滤离心机的卸料控制

上悬式过滤离心机均采用下部卸料。为减轻劳动强度，提高生产能力改善操作条件，近年来均采用变速电动机或直流电动机驱动，作全自动或半自动操作。

目前国产上悬式离心机有两种自控方式，一种是用时间继电器程序控制，这种方式结构简单，使用可靠。另一种用 PLC 控制，这种方式易变更控制程序。

二、卧式刮刀卸料过滤离心机

卧式刮刀卸料离心机是一种连续运转、间歇卸料的固-液分离设备，具有固定过滤床，在离心力的作用下周期性地进行进料、分离（脱水）、洗涤、刮料等工作程序，并由液压和电气联合自动控制，是一种自动操作式离心机。主要用于颗粒直径大于 0.12mm，悬浮液含固量为 25％～60％（质量分数），物料过滤性能和进料浓度稳定的场合。该离心机在上述条件下工作时，生产能力大，劳动强度低，滤饼含湿率低。但由于使用刮刀卸料，对晶体有一定的破坏作用，在对固体晶粒和形状有严格要求时不宜使用。

卧式活塞推料离心机和卧式刮刀卸料离心机对被分离悬浮液的浓度均有一定要求，在被分离物料浓度较低或有波动时，可以在物料进离心机前使用沉降池或增稠器，以提高进料浓度和减少物料浓度的波动。

1. 结构

刮刀卸料离心机的结构如图 2-10 所示，刮刀卸料离心机是一种间歇操作的自动离心机，刮刀伸入转鼓内，在液压装置控制下刮卸滤饼。宽刮刀的长度应稍短于转鼓长度，适用于刮削较松软的滤渣；窄刮刀的长度则远短于转鼓长度，卸渣时刮刀除了向转鼓壁运动外，还沿轴向运动，适用于滤饼较密实的场合。

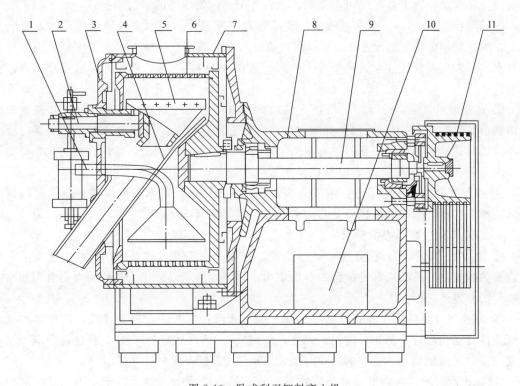

图 2-10　卧式刮刀卸料离心机

1—进料装置；2—刮料装置；3—门盖；4—接料斗；5—刮刀；6—转鼓；7—机壳；
8—轴承箱；9—主轴；10—液压系统；11—传动装置

2. 工作原理

离心机启动达到全速后，通过电气-液压控制的加料阀，经进料管向转鼓内加入被分离的悬浮液，滤液穿过过滤介质和转鼓上的开孔进入机壳的排出管排出。固相被过滤介质截留生成滤渣，当滤渣达到一定厚度时，由料层限位器和时间继电器控制关闭加料阀，滤渣在全速下脱液。如果滤渣需要洗涤，开启洗液阀，洗液经洗涤管洗涤滤渣，在滤渣进一步脱液后，刮刀活塞动作，推动刮刀切削滤渣，切下的滤渣落入料斗内沿排料斜槽或螺旋输送器排出离心机。

3. 操作规程

刮刀卸料过滤离心机操作时应遵照以下规程进行：

① 离心机转鼓内的物料最大重量及最高转速不能超过离心机铭牌标注的额定值。

② 如果出现离心机振动过大或异常噪声，应立即关闭离心机，停止运行，切断电源，检查原因。

③ 离心机的人孔盖只能在清洗时由于操作上的需要才可打开，在人孔盖需打开时，转鼓必须是静止的。

④ 每年至少有合格的安全工程师对离心机在运转中的状态做全面的检查一次，定期用油脂对各润滑点进行润滑。

⑤ 离心机运行前，检查刮刀的旋转终点位置，应处于复位位置；开启液压油泵，其压力应在 2～4MPa；检查配电箱的电压表读数应在 380V 左右，不应过低；将操作盘上的转换开关设置在手动位置上；确保机盖锁紧，检查各个部位紧固件的紧固情况。

⑥ 离心机运行后，在加速过程中，要不断观察速度计；观察主轴轴承的温度，直到其恒定，滚柱轴承的额定温度是 120℃；刚启动时，排空系统有可能不能正常工作，因为系统内有空气，调整系统让油泵运转 10～15min，如果油箱内无泡沫，油泵无异常响声，则排空完成。

⑦ 在离心机负载运行开始阶段，应先运行到加料速度，再进行加料。每次卸料后的转鼓内残留滤饼应为 5～15mm 厚，如果过少，有可能刮坏滤布，过厚会影响分离效果，所以第一次加料到转鼓物料体积到转鼓容积的 1/3 时，即可甩干并刮出，然后检查初始余留滤饼层厚度是否在 5～15mm 之间，必须调整正常后，方可进入程序过程工作。

⑧ 残留滤饼清除所需工具：木质或塑料刮刀、小刷子，用木质的或塑料刮铲把残留滤饼从滤布上挂掉，除去残留物后，再用水或适当的溶剂清洗转鼓。

4. 刮刀卸料过滤离心机特点

① 卧式刮刀卸料离心机分为普通过滤式、虹吸过滤式等多种类型，根据工艺要求，每种类型的卧式刮刀离心机都可设计成普通型和密闭防爆型，以适用于易燃易爆、有毒和腐蚀性物料的分离。

② 卧式刮刀卸料离心机的控制系统通常采用液压和电气联合控制方式，这种离心机可实现柔性自动化运行。例如，进料、脱水（分离）、洗涤、刮料（卸料）、反冲洗等既可实现手动操作，又可调节每一过程的操作时间，或采用 PC 机实现全自动控制。

③ 卧式刮刀卸料离心机对被分离物料有较强的适应能力，能适用于使用三足式离心机分离的物料。

④ 由于刮刀离心机卸料过程中，刮刀在全速条件下切入滤饼层，对已脱水的固相颗粒有一定的破碎作用。因此，对固相颗粒不允许受到破碎的物料不宜使用卧式刮刀卸料离心机来分离。同时对于脱水后滤渣结板的物料，或者由于物料的固相再析出而容易阻塞过滤介质的场合，不宜使用卧式刮刀离心机。

⑤ 卧式刮刀卸料离心机的防爆型结构可用于易燃、易爆、有毒物料的固-液分离，在医药、石油化工中应用较为广泛。此外，虹吸刮刀卸料离心机由于分离能力强，过滤速度易于调节等优点，在滤饼脱水较困难，滤饼洗涤要求高，对滤饼最终含湿率有较高要求的场合特别合适。

三、卧式活塞推料过滤离心机

卧式活塞推料离心机是一种自动操作、连续运转、脉动卸料的过滤式离心机，在运行时机器连续操作，借转鼓内推盘的往复脉动，将转鼓内滤后的固体物料沿轴线不断地向前推送，这种离心机适用于分离过滤性能良好、含粗粒子结晶物或短纤维状物的浓缩悬浮液，特别适用于晶粒在卸料时不允许被粉碎或较少被粉碎的物料，具有在全速下完成进料、分离、滤饼洗涤、甩干和卸料等工序的特点。

卧式活塞推料离心机有单级、双级和多级之分，也有柱锥双级的形式，目前我国以生产单级、双级和柱锥双级三种型式的产品为主。卧式活塞推料离心机具有生产能力大、连续操作、被分离物料晶体不易破碎、排渣含湿率低、自动卸料和劳动强度低等优点，适用于生产规模大，悬浮液固相含量高，要求连续操作的场合。但卧式活塞推料离心机和三足式离心机相比，它对物料的适应性较差，通常适用于固体粒径为 0.15～1.0mm（单级活塞推料）或 0.1～3mm（双级活塞推料）的范围，悬浮液固相含量为 30%～70%（质量分数），而且对被分离物料的过滤性能和含固量的变化非常敏感，所以仅适用于悬浮液浓度和过滤性能很稳定的场合。另外由于采用活塞推料的卸料方法，对滤饼的强度也有一定的要求。由于活塞推料过程对滤饼具有一定的压缩作用，凡对固体晶粒有严格要求的产品不宜采用这种形式的过滤离心机。柱锥式活塞推料离心机滤饼含湿率低，用于颗粒直径较小时，与双级活塞推料离心机相比含湿率可降低 2%～4%。这类过滤离心机都可进行滤饼洗涤，但洗涤效果以双级活塞推料离心机相对较好，所以在滤饼洗涤要求较高时宜选用双级活塞推料离心机。它们常用于化工、制药、化肥、制盐、制碱、食品、轻工等行业，对于结晶颗粒的分离效果特别好且生产能力大。

1. 结构

活塞推料离心机主要由机座、回转体、机壳、液压自动控制系统、卸料机构、传动装置、驱动机及其他附件等部分组成，由于各种机型的工作原理和用途不尽相同，其具体结构亦不尽相同，现以卧式单级活塞推料离心机为例介绍。

（1）机座　机座（油箱）在轴承箱的下面，中层内装液压自动控制机构，最下层是油池与水冷式列管油冷却器，机座后侧的上层装有带轮及主电动机，下层装有油泵及油泵电动机。

（2）回转体　如图 2-11 所示，回转体包括转鼓 6、主轴 4、复合油缸 2 及推料盘 12 等。

主轴水平支承在两滚动轴承上，转鼓悬臂支承于主轴的外伸端。转鼓系一有底的圆筒体，壁上开有密集的小孔，转鼓内装滤网，在转鼓底部中心借盖帽螺母将转鼓固定在空心的主轴上，转鼓和与被处理的物料直接接触的零件均采用 1Cr18Ni9Ti 或 1Cr18Ni2MoTi 等不锈钢制成。

条状或板式筛网装在转鼓内。常见的筛网结构有板状筛网和条状组合式筛网两种。板状筛网由具有宽为 0.2～0.3mm 窄缝的平板组成，窄缝一般为铣制成型，精度高。条状组合式筛网由许多具有梯形截面的棒状条装配而成，棒条用拉紧螺栓连接，梯形截面具有自清洗作用。通常在离心机的转鼓的洗涤区、过滤区和甩干区，由于工作状况不同而对筛网要求不同。在过滤区内为了减少固体的泄漏，筛网的缝隙小，而且筛网的条宽也尽可能小，提供尽可能大的有效过滤面积。在甩干区，固体颗粒被夹带进入滤液的可能性已大大下降，但是这个区域内易造成固体颗粒阻塞筛网，针对这一特点，筛网的缝隙宽度较宽，而筛网条的宽度也宽一些。转鼓内的底部有一个与筛网内壁很好配合的推料盘。

推盘与滤网间的间隙一般为 0.2～0.4mm，以便尽可能地把黏附在滤网上的滤饼全部推出，料层厚度由布料斗上的可更换的调整环控制。空心主轴内由滑动轴承支撑着推杆 3，推料盘就支撑在推杆的外伸端。主轴与推杆之间有密封填料函，使工作油和滤液不会互串。转鼓的前后安有轴向迷宫密封环，以防止滤液溢出。

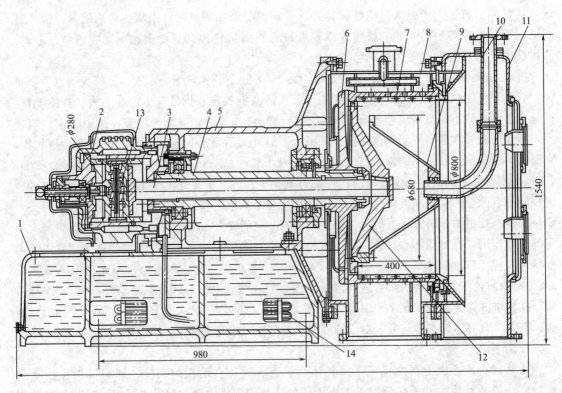

图 2-11　卧式单级活塞推料离心机结构

1—机座；2—复合油缸；3—推杆；4—主轴；5—轴承箱；6—转鼓；7—筛网；8—中机壳；
9—布料斗；10—进料管；11—前机壳；12—推料盘；13—活塞；14—冷却器

　　主轴的前端与转鼓相连，后端与复合油缸相连，推杆的前端与前推盘相连，后端与活塞相连。推料盘和活塞除与转鼓一起做旋转运动外，还做轴向往复运动。布料斗 9 固定在推料盘上并与推料盘一起运动。物料通过进料管 10 进入锥形布料斗中，由于布料斗与转鼓同步旋转，在离心力的作用下物料则均匀分布于转鼓内的筛网上。分离后所得滤饼经前机壳 11 排出，而滤液则经机壳底部或侧面的排液口排出机外。

　　（3）液压控制系统　液压控制系统包括油泵、滤油器、液压操作箱、配油器、换向滑块和管道等，用以推动活塞做往复运动。

　　（4）传动装置　传动装置包括主电动机、离合器、V 带轮、制动器、防护罩等。离合器装于主电动机轴端的主动带轮内，由四个离心滑块组成，启动时，离心力使滑块紧贴在带轮内壁上，借摩擦力带动带轮旋转。制动器为带式制动器（制动带），包在主轴油缸的外圆面上，一端铰接在机座上，另一端连接丝杆螺母，装有手轮的丝杆使螺母移动，从而收紧或松开制动带。油泵由油泵电动机借弹性联轴器直连驱动。

　　2. 工作原理

　　（1）单级活塞推料　卧式单级活塞推料离心机工作原理如图 2-12 所示，转鼓全速运转后，悬浮液通过进料管连续进入装在推料盘上的圆锥形布料斗中，在离心力的作用下，悬浮液经布料斗均匀地进入转鼓中，滤液经筛网网隙和转鼓壁上的过滤孔甩出转鼓外，固相被截留在筛网上形成圆筒状滤饼层。推料盘借助于液压系统控制代做往复运动，当推料盘向前移动时，滤饼层被向前推移一段距离，推料盘向后移动后，空出的筛网上又形成新的滤饼层，因推料盘不停的往复运动，滤饼层则被不断地沿转鼓壁轴向向前推移，最后被推出转鼓。经机壳的排料槽排出机外，而液相则被收集在机壳内，通过机壳的排液口排出。

若滤饼需在机内洗涤，洗涤液通过洗涤管或其他的冲洗设备连续喷在滤饼层上，洗涤液连同分离液由机壳的排液口排出。

（2）双级活塞推料　卧式双级活塞推料离心机工作原理如图 2-13 所示，悬浮液经进料管进入内、外锥形布料斗之间，布料斗随同主轴及第二级转鼓（直径较大者）一起旋转，物料先进入第一级转鼓进行分离，当第一级转鼓向后运动时，在第一级转鼓内的滤饼被第二级转鼓上的推料盘向前推移，落到第二级转鼓的滤网上，第一级转鼓向前运动时，在第一级转鼓口上的推料环便把第二级转鼓上的滤饼推出转鼓外，落到卸料口卸出。

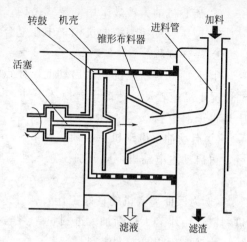

图 2-12　卧式单级活塞推料
离心机工作原理

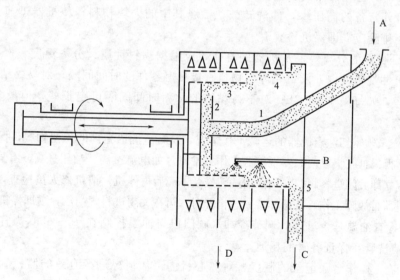

图 2-13　卧式双级活塞推料工作原理

A—物料；B—洗涤管；C—滤饼出口；D—母液出料口

1—进料管；2—进料分配器；3—第一级转鼓；4—第二级转鼓；5—固体收集槽

双级转鼓离心机与单级转鼓离心机的不同点是：单级转鼓离心机的活塞和推杆带动推盘做往复运动；双级转鼓离心机的活塞和推杆是带动第一级转鼓做往复运动的。双级转鼓离心机与单级转鼓离心机相比有下列优点：

① 分离因数高。

② 生产能力大，且单位产量耗电量小。

③ 由于活塞正反行程都在推料，故油压较均匀，油泵电动机的负荷比较均匀。

④ 每一级转鼓中滤饼移动的行程较短，可允许有较厚的物料层，滤饼从一级转鼓到下一级转鼓时得到一次松散，一方面改善了过滤情况，另一方面滤饼也得到了较好的干燥。

⑤ 离心机的大转鼓采用框架式结构，可节约材料，并减少转动惯性矩。

⑥ 液压自动控制换向机构集中在复合油缸内，结构紧凑可靠。

3. 操作规程

① 长时间停机后的首次启动前，先点动油泵电动机2～3次，使油充满油泵，以免在无油情况下高速转动，造成干磨损坏零件，同时观察推料机构能否正常地前后移动，及空载油压是否正常。

② 启动油泵电动机后，须等待2～3min，在推料机构工作正常，润滑油到达各润滑点后，再启动主电动机，应分别注意启动与空载电流值。同时观察推料次数，听一听有无异常声响。

③ 为保证离心机的良好工作，操作人员应等主电动机完全达到工作转速后，才能打开进料阀，由小到大逐渐加大进料量，当电动机电流接近额定电流或油泵工作压力接近额定工作压力时，不得再加大进料量。

④ 若需要在转鼓内洗涤滤饼时，应打开洗涤液阀门，并调整洗涤管的位置及所需的流量。

⑤ 在离心机工作时，须保持进料的均匀连续，以免造成机器的振动而损坏离心机，特别是中断进料时，应立即用高压水冲洗转鼓。如发生机器振动或推料停止，应立即关闭进料阀门，迅速打开常备的高压水，冲洗转鼓，稀释其中的大块物料，使机器迅速恢复正常运转，若还不能排除应立即停机检查。

⑥ 为保证良好的分离效果及机器的寿命，应根据物料性质、分离温度、产品质量等实际情况，确定冲洗转鼓内外及罩壳等与物料直接接触零件的时间间隔，对易黏结的物料，时间间隔应短些，如每隔1h或2h；对不易黏结的物料时间间隔可定长些，但最多每工作8h必须清洗一次。

⑦ 操作人员须密切注意机器的运转工作情况，及时清洗罩壳内的积留物料，保证机器出口通道畅通，不得敲打收集罩。如发现机器工作异常时（如电流过高，油压过高，有异常声响，轴承发烫等）应立即关闭进料阀门，用水清洗转鼓及罩壳后再停机，请机修人员检查，修复后才能使用，严禁机器带故障工作。若遇非常紧急情况时，可在关闭进料阀门后，立即停机。

⑧ 经常检查油温是否过高，调节冷却水阀门以将油温控制在45～55℃为宜；定期保养罩壳上方的清洗管，保证各管的畅通。

⑨ 建议建立操作台账记录的制度，对离心机的工作情况进行有效的监控。至少应有人在离心机现场操作。

⑩ 为保证离心机能长期可靠工作，建议在离心机使用的第一个月期间，不满负荷工作，跑合期结束后及时进行换油，再逐步提高生产量。

4. 活塞推料过滤离心机特性与应用

活塞推料离心机基本上是连续式过滤离心机，各道工序除卸料为脉动之外，其余都是连续操作，所有工序都在全速下进行。因此，过滤强度大，劳动生产率高。

适用于滤浆中含固形物30%～50%、粒度0.25～10mm物料的脱水，不宜用来分离胶状物料、无定形物料或滤饼层拱起不能维持正常的卸料。

四、离心力卸料过滤离心机

离心力卸料离心机又称为惯性卸料离心机或锥篮离心机，是可移动过滤床自动连续离心机中结构最简单的一种。锥篮离心机分为立式和卧式两种类型，被分离的滤饼在锥形转鼓中，依靠其本身所受的离心力克服与筛网之间的摩擦力，由锥形转鼓小端沿筛网表面向大端移动，最后自动排出，是一种无机械卸料装置的自动连续卸料离心机。锥篮离心机是利用薄层过滤原理操作的，故脱水效率很高，物料能在较短的停留时间内获得含湿率较低的滤饼，具有结构简单、效率高、产量高，制造、运转及维修费用低等优点，特别适用于过滤时因温度变化会对物料过滤速度有明显影响的物料，不同的物料和分离要求设计的锥形转鼓结构也不同，目前主要用于制糖、精制盐、碳酸氢铵等生产中，离心力卸料离心机在 20 世纪 50 年代中期才正式用于制糖工业并取代了部分上悬式离心机，目前按锥形转鼓的位置可分为立式和卧式两类。

1. 结构

如图 2-14 所示，立式离心力卸料离心机主要由转鼓组件（包括筛篮、篮底、衬网、面网、筛网压环、分配器、加速器及回转盘等件）、主轴组件（包括主轴、轴承箱、轴承、从动带轮等件）、机壳部件（包括上盖、气体洗涤管、液体洗涤管、机壳）、机座组件（包括机座、电动机、电动机支架、主动带轮、减振器、底板、排液管等件）等组成。主轴通过轴承支撑于轴承座内。主轴下端装有从动带轮，主轴上端与转鼓底用螺栓连接。转鼓由筛篮和篮底用螺栓连接而成，筛篮锥面上钻有很多圆孔，分离后的液体通过圆孔排出。锥形转鼓内锥面上装有衬网和面网，衬网为不锈钢丝编织网，面网为板网经过特殊加工精制而成。面网和衬网由压环通过螺栓压紧固定于转鼓锥面上。篮底中部装有分配器，加速器连在分配器上，悬浮液通过分配器均匀分布，加速后进入转鼓。机座上面固定有机壳部件，中间装有轴承座，电动机固定在电动机支架上，电动机支架通过螺栓紧固在机座外壳上，电动机通过带轮、V 带、从动轮带动主轴和转鼓旋转。机座支承于减振垫上，减振垫置于底板上，机器的振动由减振垫吸收，振动不会传递到地基上。机壳上面有上盖，上盖上固定有气体洗涤管、进料管、液体洗涤管等件。机壳包括外机壳、中机壳、内机壳，外机壳与中机壳之间为外室，中机壳和内机壳之间为中室，内机壳为内室，转鼓分离后的滤饼从大端甩出后收集在外室内，通过机座下面排出机外，分离的滤液收集在中室和内室中，通过机座排液口和排液管排出。

卧式离心力卸料离心机主要由转鼓组合件（转鼓、筛网、压盖、分配器）、主轴组合件（轴承、轴承压盖、从动带轮）、机壳（前机壳、中机壳、集料槽）、机座、弹性基础（橡胶垫、底座）等零部件组成，机座上面装有轴承箱、中机壳，侧面固定驱动电动机。主轴通过两向心球轴承固定在轴承箱内，主轴右悬臂端装有从动带轮，左悬臂端圆锥面与转鼓锥孔配合并紧固。锥形筒体布料斗装在转鼓内，物料通过布料斗达到布料均匀。转鼓由锥形筒身和鼓底焊接加工而成，锥面上钻有很多孔，用于排出滤液。锥形转鼓内锥面上装有筛网，筛网包括底网（衬网）和面筛，不锈钢丝底网和不锈钢板面网由压盘和螺栓压紧在转鼓底上。

2. 工作原理

立式离心力卸料离心机结构如图 2-14 所示，图中 7 为一个无孔的锥形转鼓，在转鼓内依次设有花篮 15 和筛网 16，花篮与转鼓之间留有较大的环形间隙，作为滤液的通道。操作时，物料由进料管 13 加入，经布料器 12 加速后，均匀地分布在下端筛网上。在离心力作用下，液体经过筛网、花篮而进入环形通道，并沿鼓壁向上运动，到达转鼓顶端时，在离心力作用下经溢流孔排入内机壳 8，最后经排液管 10 排出。被筛网捕集的颗粒形成薄层滤饼在离心力作用下沿筛网向上移动，在移动的同时颗粒上附着的液体由于离心力作用不断地被排

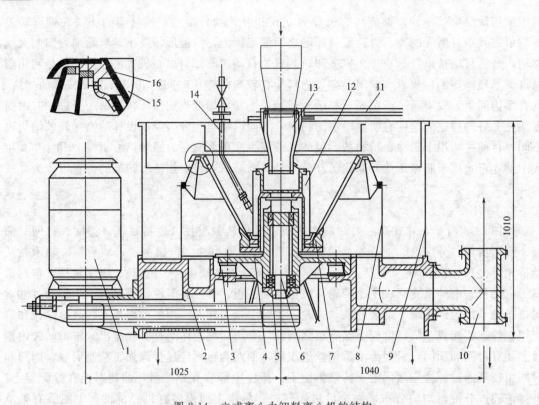

图 2-14　立式离心力卸料离心机的结构

1—电动机；2—机座；3—吸振圈；4—传动座；5—轴承；6—主轴；7—转鼓；8—内机壳；
9—外机壳；10—排液管；11—蒸气管；12—布料器；13—进料管；14—洗涤管；15—花篮；16—筛网

出。由于滤饼是由锥形转鼓的小端移向大端，分离因数不断地增大，有利于物料的进一步脱水，最后滤饼在转鼓的顶端排入外机壳 9，实现了固-液两相的分离。当物料需要洗涤时，可以从洗涤管 14，引入洗涤液，对滤饼进行洗涤。

3. 离心力卸料离心机的应用

适用于分离中粗（固相粒度大于 0.1mm，约 150 目）的结晶颗粒或无定型物料及纤维状物料，浓度在 50% 左右的悬浮液的分离，特别适用于真空制盐中的盐浆固-液分离，当变换转鼓锥角或转速也可用于谷物等松散物料的脱水。

五、振动卸料过滤离心机

1. 结构

图 2-15 所示为立式振动卸料过滤离心机，主要由机座、机壳、传动装置、转鼓组合件、驱动装置等组成。转鼓是振动卸料离心机的主要工作部件，又称筛篮，国产振动离心机大都为焊接式筛篮结构。它由筛座和筛框两大部分构成，筛框由支杆、横梁、筛条等构件焊接而成。由转鼓、主轴、带轮组成的旋转部件，经轴承支承在轴承座上，轴承座固定在主轴套的两端，并经六组短板弹簧悬挂在机壳上，因此可保证转鼓能进行旋转运动和轴向振动，惯性激振器置于离心机的壳体上，由激振电动机带动旋转，使壳体产生轴向振动，并经短板弹簧、橡胶弹簧、缓冲盘、主轴套、轴承使转鼓产生轴向振动。因短板弹簧也较易折断，现在生产的机型已作了结构修改，用三个环形剪切橡胶弹簧代替了短板弹簧，并将激振器放在转

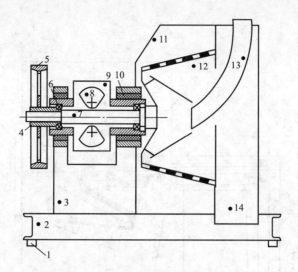

图 2-15　振动卸料过滤离心机结构

1—隔振橡胶弹簧；2—机架；3—支座；4—盘形弹簧；5—带轮；6—主轴承；7—主轴；
8—激振器；9—箱体；10—连接弹簧；11—机壳；12—筛篮；13—进料管；14—排料口

子振动质量上，与转鼓一起振动。

2. 工作原理

操作时物料由进料管 13 加入，经旋转的布料斗被抛在转鼓小端的筛网上，在离心力的作用下，液体经过筛网由排液口排出，固体被拦截在筛网上，在离心力和振动力的共同作用下，沿筛网表面向转鼓大端移动，最后由出料口排出。

3. 振动卸料过滤离心机特点性与应用

优点：连续操作，处理能力大，晶体破碎率小。

缺点：分离因数低，物料在转鼓内停留时间短。

因此适用于分离固体颗粒大于 0.3mm 的易过滤悬浮液，如海盐的脱水等。

六、进动卸料过滤离心机

1. 结构

进动卸料离心机倾斜的转鼓轴线与离心机的中心轴线的 0 点相交，转鼓在以自身的轴线作自转运动的同时绕中心轴线做公转运动，这种复合的转动在力学上称为进动。进动卸料离心机是一种新型、自动连续的过滤离心机，利用进动运动原理，能在低的分离因数条件下达到自动惯性卸料和强化固-液分离过程，图 2-16 所示为卧式进动卸料离心机结构简图。

2. 工作原理

进动离心机启动后，物料从进料管 6 进入锥形布料器 5，在布料器内物料被加速，由布料器均匀撒在转鼓筛网小端周壁上，滤液从筛网缝隙中甩出，从排液管流出机外。物料固体颗粒截留在筛网上，因转鼓做进动运动，如图 2-16 所示，当转鼓歪向最下方时，转鼓筛网母线倾斜角最大，滤饼在此区间自动滑向大端口进行卸料，称为卸料区，与其相对应的180°位置上，筛网母线的倾斜角最小，滤饼在此区间停留在筛网上继续脱水，这个区间称为脱水区。由于自转和公转之间存在转速差，转鼓筛网上卸料区和脱水区的位置是不断进行交替轮换的，所以筛网大口的圆周上不是同时都在卸料，而是依次轮流地运转到筛网母线最大

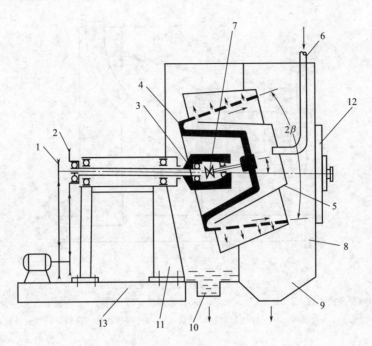

图 2-16   卧式进动卸料离心机

1,2—带轮；3—进动头；4—转鼓；5—锥形布料器；6—进料管；7—万向节；
8—前机壳；9—卸料斗；10—滤液口；11—后机壳；12—门盖；13—机座

倾斜角时卸料，并经前机壳排出机外。

3. 特点与应用

进动卸料离心机属于惯性卸料的过滤离心机，物料在筛网上的停留时间可以在一定范围内调节，是由离心力卸料离心机和振动卸料离心机发展而来的。与离心力卸料离心机相比，具有生产能力大、适用范围较广、停留时间较长、脱水比较充分、颗粒磨损小、筛网寿命长、筛网锥角小、尺寸紧凑等优点。与振动卸料离心机相比具有生产能力大、脱水后滤渣含湿率低、工作可靠、噪声及振动小的优点。但这种机型不能对滤饼进行充分的洗涤，洗涤液与滤液也不易分开。

适用于固相浓度高，颗粒粒度为 $0.05 \sim 20\text{mm}$ 的易过滤物料；最宜用于分离固体浓度大于 55%，颗粒粒度大于 0.4mm 的物料，如有机盐、无机盐、芒硝等粗晶粒悬浮液。不宜用于要求对滤饼作长时间洗涤的物料。

七、螺旋卸料过滤离心机

螺旋卸料离心机也是近年发展的一种过滤离心机，有立式螺旋卸料离心机和卧式螺旋卸料离心机两种。它具有连续操作，结构紧凑，对物料有较好的适应性等优点。

1. 立式螺旋卸料过滤离心机

我国目前生产的立式螺旋卸料过滤离心机是一种将沉降和过滤相结合的机型，又称为立式螺旋卸料沉降离心机。该机由沉降转鼓和过滤转鼓两部分组成，料液由上部加料口经加料管先进入沉降转鼓，在离心力作用下进行沉降分离，沉降后液相由下部沉降液排出口排出，含湿率较高的固相物料由螺旋沿沉降转鼓内壁推送到上部，经沉渣口排入过滤转鼓进行过滤分离。过滤过程，如图 2-17（a）所示，滤液透过滤网及转鼓鼓壁进入外壳的内腔，再由过

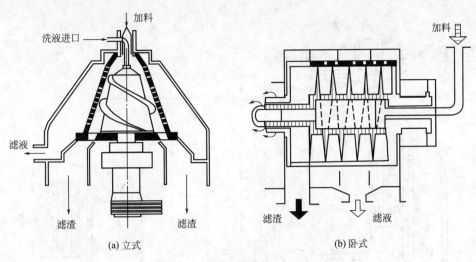

图 2-17 螺旋卸料过滤离心机

滤液出口排出；滤饼靠转鼓中心的螺旋，利用过滤转鼓与沉降转鼓的差速推送到机外，转鼓与螺旋间的差速靠摆线针轮减速器保证。设备上部有洗涤管可在过滤转鼓上对滤饼进行洗涤，设备的密闭性能较好，可用于分离含固相颗粒粒径为 $0.01 \sim 0.06$mm 的液-固两相悬浮液，被分离物料的固相颗粒密度应大于液相密度（因过程中有沉降分离过程），且为不易阻塞滤网的结晶体或短纤维状物料。设备具有结构紧凑、效率高、便于实现自动化控制的优点。

2. 卧式螺旋卸料离心机

如图 2-17（b）所示，卧式螺旋卸料离心机的转鼓是有孔的，在离心力的作用下，液相通过过滤介质而将固相颗粒截留在过滤介质上，形成滤饼层，在过滤介质上形成的滤饼在离心力及螺旋的推动下排出转鼓。转鼓结构有三种形式，转鼓圆锥角为 20° 的卧式螺旋卸料离心机，料浆由加料口进入与转鼓一起旋转而又有一定差速的螺旋体内侧，在布料分配器中被加速后从螺旋内筒进入转鼓的底端，转鼓结构与一般的过滤离心机相似，固相颗粒由转鼓的小端慢慢移向大端，它们所受的离心力是逐步增加的，有利于固体颗粒的进一步脱水；转鼓圆锥角为 10° 的卧式螺旋卸料离心机由于转鼓的锥角较小，可提高滤饼的洗涤效果；转鼓为一圆柱形的卧式螺旋卸料离心机是一种特殊形式，它也有较好的洗涤效果。

八、三足式沉降离心机

1. 结构

结构示意图如图 2-18 所示，三足式离心机是一台间歇操作、人工卸料的立式离心机。在这种离心机中为了减轻转鼓的摆动和便于拆卸，将转鼓、外壳和联动装置都固定在机座上，机座则借拉杆挂在三个支柱上。

2. 三足式沉降离心机的主要特点

分离效率较低，一般只适宜处理较易分离的物料，因是间歇操作，为避免频繁的卸料、清洗，处理的物料一般含固量不高（$3\% \sim 5\%$）。

三足式沉降离心机结构简单，价格低，适应性强。常用于中小规模的生产，例如要求不高的料浆脱水，液体净水，从废液中回收有用的固体颗粒等。其缺点是卸料时劳动强度大，生产能力低。

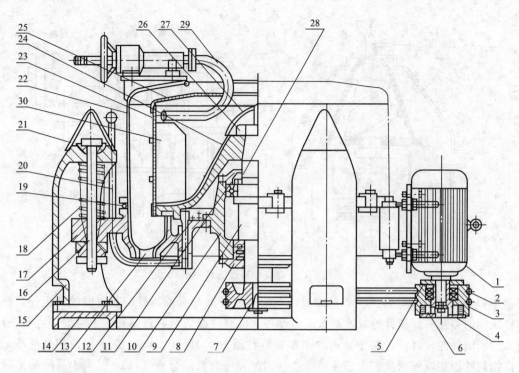

图 2-18　三足式沉降离心机

1—电动机；2—三角带；3—主动轮；4—起步轮；5—闷盖；6—离心块；7—被动轮；8—下轴承盖；9—主轴；
10—轴承座；11—上轴承盖；12—制动环；13—出水口；14—三角底座；15—柱脚；16—摆杆；
17—底盘；18—缓冲弹簧；19—密封圈；20—制动手柄；21—柱脚罩；22—外壳；23—转鼓筒体；
24—转鼓底；25—挡液板；26—主轴螺母；27—主轴罩；28—轴承；29—撇液装置；30—筋板

3. 操作规程和检修

参照本章三足离心过滤离心机的检修和操作。

九、碟式分离机

1. 结构

碟式分离机结构如图 2-19 所示。主要由转鼓、变速机构、电动机、机壳、进料管、出料管等零件构成。碟式离心机的进料管，有设在下部的，也有设在上部的，功能上没有本质的区别。出料管都在上部。出料管口因功能不同而异，用于乳浊液两相分离的有轻液、重液两个出口，用于澄清的只有一个出口。用于乳浊液澄清的离心机，在出口处还装了一个乳化器，以使得在离心澄清过程中分离了的两相再次得以混合乳化后再排出。

用于澄清的分离机，其结构与分离式基本相同，所不同的是只有一个排出口供液体排出，同时其碟片上无孔，底部的分配板将液体导向转鼓边缘。被分离后的液体沿碟片间隙向转鼓中央流动，固体则沉积于转鼓壁处。沉积于转鼓壁的固体沉淀，既可由人工方式间歇排出碟式分离机，也可用自动方式周期性地排出。

转鼓由主要由转鼓体、分配器、碟片、转鼓盖、锁环等组成。转鼓直径较大，为 150～300mm，通常是由下部驱动。转鼓底部中央有轴座，驱动轴安装在上面，转速一般为5500～10000 r/min，在转鼓内部有一中心套管，其终端有碟片夹持器，其上装有一叠倒锥形碟片。

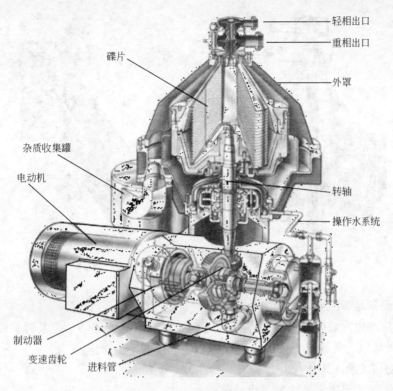

轻相出口
重相出口
碟片
外罩
杂质收集罐
电动机
转轴
操作水系统
制动器
变速齿轮
进料管

图 2-19 碟式分离机

碟片呈倒锥形,锥顶角为 $60°\sim100°$,每片厚度 $0.3\sim0.4mm$。碟片数量由分离机的处理能力决定从几十片到上百片不等。碟片间距与被处理物料的颗粒粒度和分离要求有关,范围在 $0.3\sim1.0\ mm$ 之间。根据用途不同,碟片的锥面上可开若干小孔或不开孔。图 2-20 所示为一种开小孔的锥形碟片,用于乳化液的分离。

2. 工作原理

工作原理如图 2-21 所示,混合液自进料管进入随轴旋转的中心套管之后,在转鼓下部因离心力作用进入碟片空间,在碟片间隙内因离心力而被分离,重液向外周流动,轻液向中心流动。由此在间隙中产生两股方向相反的流动,轻液沿下碟片的外表面向着转轴方向流动,重液沿上碟片的内表面向周边方向流动。在流动中,分散相不断从一流层转入另一流层,两液层的浓度和厚度随流动均发生变化。在中心套管附近,轻液在分离碟片下从间隙穿出,而后沿中心套管与分离碟片之间所形成的通道

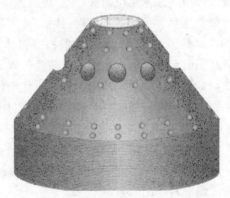

图 2-20 碟片

中流出。在碟片间流动的重液被抛向鼓壁,而后向上升起并进入分离碟片与锥形盖之间的空隙而排出。

3. 蝶式分离机的操作规程(以 BTSX85 型碟式分离机为例)

(1)作业前的准备

① 按要求穿戴好工作服及劳动防护用品。

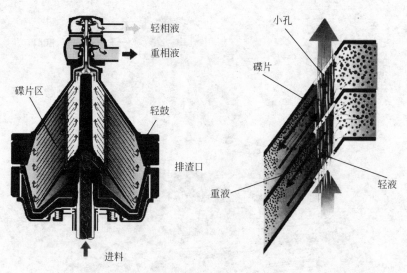

轻相液
重相液
小孔
碟片
碟片区
轻鼓
轻液
排渣口
重液
进料

图 2-21　碟式分离机的工作原理

② 检查设备是否完好，油箱是否缺油。检查电气部分是否完好。

③ 如在检查中发现问题，应立即进行处理，自己不能处理的，应及时通知机电人员进行修理，在确认以上各检查项目达到要求后方可进行下一步操作。

（2）启动前的装配工作

① 按照装工艺要求，清洗好机组转鼓。

② 机组的装配（装配必须至少两人）。

a. 转鼓的装配。先装滑动活塞（活塞较重，装配时可用葫芦吊装），其有定位销孔，放下后检查定位销是否已到位，以"0"位为基准，未到可以两人手抬调节。

b. 碟片的装配。检查碟片方向和位置是否正确、有无松动和间隙过大，无异常可掉入转鼓体内，注意定位销和"0"位（或零件编号）是否已对齐（如果装配时主锁不费力就将转鼓盖压紧、标记对齐，则说明碟片组压力不够，应增加碟片数量）；

c. 转鼓盖的装配。装配前检查盖体下部尼龙密封圈是否完好；无异常方可用专用工具将其吊装至转鼓体内；调整转鼓盖位置，以"0"位为准。装上锁紧圈（每次装配前检查螺纹，如有拉伤部位，需用锉刀进行仔细休整，遭螺纹部分涂上润滑脂，以防止磨损和咬合过度而无法拆卸转鼓），用专用工具将碟片压紧，调节锁紧圈。调节锁紧圈以"0"位为准。

③ 检查机组立轴部分是否完好、洁净、无异物。

④ 使用专用工具固定转鼓，用行车将转鼓体缓慢掉入主体内，安放平稳同心。

⑤ 安装锁紧立轴螺栓，松开制动按顺时针方向拨动转鼓，检查是否平稳无异常。检查有无影响转动的因素。

⑥ 装入向心泵叶轮，盖好向心泵室罩，装配锁紧螺母，并将其锁紧。

⑦ 缓慢掉装好机盖，固定紧固螺栓。

⑧ 安装好进出料装置，紧固螺栓，连接好进出口管道。

⑨ 轻轻扳动制动轮，装配无误可以转动；再次检查确认装配无误（主要在于转鼓体装配）确认无误，方可进入开机程序。

（3）开机运行

① 开机前，检查油箱油位是否在刻度线附近；按生产工艺要求检查，冲洗连接管道

系统。

② 检查分离机的制动是否打开，关闭所有进料口阀门。

③ 打开 PLC 控制仪，启动电动机，如发现异常摩擦声，则因立即停机排除，不得强行启动。电动机启动电流，一般为 80A，达全速后工作电流不得超过 30A，通过临界转速器振动增大属于正常现象，全速后机器振动减小，启动时间一般为 4～8min。

④ 待电流降至 30A 以下，且分离机无异常情况，则打开操作水泵，调整自循环阀门，将操作水压力稳定在 0.4MPa（操作水为纯化水，不得采用自来水）。

⑤ 根据物料的不同，设置"排渣周期"（不能低于 180s），其余选项不做设置；需要更改时请与设备员联系，不可自作更改。

⑥ 打开清洗水进水阀门（水量约为视镜一半），观察电流离心机电流和噪声，如噪声大，电流大幅上升，则应立即停止进料，此情况可能为转鼓未完全密封，检查密封操作水电磁阀是否动作或堵塞。

⑦ 运行正常后，关闭清洗水，安装工艺要求进料，调节进料阀门，出料口压力不得高于 0.4MPa（可视物料情况适当调节出口流量）。

⑧ 分离机自动排渣时间设置不得低于 180s，手动排渣时，选用"部分排渣"，排渣时电流将上升（波动不高于 5A），每次手动排渣，必须等到电流降到正常之后，方可进行。

(4) 停车

① 关闭进料阀门，关闭进料泵；进清洗水冲洗转鼓，打开排污阀门，手动排渣排完转鼓内杂质。

② 关闭操作水泵，关闭主电动机，让其自由停车。

③ 正常停机不得使用制动，以减少齿轮磨损；分离机运行过程中操作水必须供应充足，操作水泵不得缺水运行，离心机离心物料过程中不得中断操作水，如遇水罐无水，可不关闭离心机主机，但需关闭进料阀门停止进料，再关闭操作水泵；离心机运行过程中，操作人员不得离岗。

十、室式分离机

1. 结构

室式分离机结构如图 2-22 所示，转鼓内具有若干同心分离室的离心分离机。这种离机专门用于澄清含少量固体颗粒的悬浮液，其整体构与碟式分离机相似，特点是转鼓内有数个同心圆筒成的环隙状分离室。分离室的流道串联，各环隙的横截面积或径向间距相等，转鼓壁和各分离室的筒壁均无孔。室式分离机一般有 3～7 个分离室，沉降面积大，澄清效果好，容纳沉渣的空间也较大。该机转速高，主轴支承为挠性支承系统，主轴的传动系统类似碟式分离机，用电动机通过摩擦离心联轴节带动一对螺旋齿轮实现转鼓的高速回转。

2. 室式分离机的特点

室式分离机是一种处理稀薄悬浮液的澄清型高速分离机。它与碟式分离机的主要不同点在于转鼓，它的转鼓可认为是管式分离机的变形，即可看作是由若干管式分离机的转鼓套叠而成。实际上，室式分离机是在转鼓内装入多个同心圆隔板，将转鼓分隔成多个同心环形小室，以增加沉降面积，延长物料在转鼓内的停留时间。因此该离心机的分离因数高，悬浮液在转鼓内的停留时间长，分离液澄清度高。

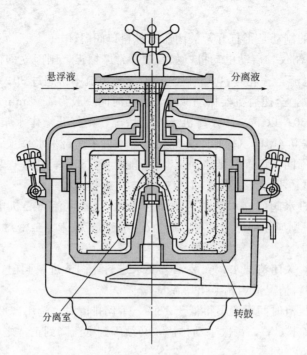

悬浮液 →　　　　　← 分离液

分离室　　　　　　转鼓

图 2-22　室式分离机示意图

同步练习

一、填空题

1. 在实际生产中，可将需要进行分离的物料分为（　　）分离和（　　）分离两类。

2. 离心沉降主要是用于分离含固体量（　　），固体颗粒（　　）的悬浮液。

3. 离心分离主要用于分离（　　　　），相应的机器常叫做（　　　　）。

4. 离心过滤主要用于分离含固体量（　　），固体颗粒（　　）的悬浮液。

5. 离心过滤与离心沉降的区别是离心沉降中所用转鼓为（　　）转鼓；而在离心过滤中所用转鼓必须（　　），转鼓内必须设有网状结构的滤网或滤布。

6. 分离因数表示离心力场的特性，是代表离心机性能的重要因数。分离因数值越大，离心机的分离能力（　　）。

7. 过滤离心机操作循环一般包括（　　　　），加料，（　　　　　），加料空运转，洗涤，洗涤空运转，（　　　　），减速和卸料等九个阶段。

8. 过滤离心机的离心过程分为三个主要阶段：滤渣的（　　），滤渣的（　　）和滤渣的（　　　　）。

9. 目前工业用过滤式离心机有（　　）和（　　）操作两大类。

10. 分离机械的分离任务主要包括（　　　　），（　　　　）和（　　　　）。

11. 分离机械的操作方式分为（　　）操作和（　　）操作。

12. 分离机械的分离目的主要包括（　　　　）和（　　　　）。

13. 当工业生产过程的工艺操作条件已确定时，具体选择何种分离机械主要依据（　　　　）和（　　　　）而定。

二、名词解释

1. 沉降　　2. 过滤

三、是非判断

1. 在实际生产中，可将需要进行分离的物料分为悬浮液分离和乳浊液分离两类。（　）

2. 离心沉降主要是用于分离乳浊液。（　）

3. 离心分离主要用于分离悬浮液。相应的机器常叫做分离机。（　）

4. 离心过滤主要用于分离含固体量较少，固体颗粒较小的悬浮液。（　）

5. 离心过滤与离心沉降的区别是离心沉降中所用转鼓为开孔转鼓；而在离心过滤中所用转鼓为无孔转鼓。（　）

6. 分离因数的极限取决于制造离心机转鼓材料的强度及密度。（　）

7. 离心沉降一般由三个物理过程组成，即：固体的沉降、沉渣的压实和从沉渣中排出部分由分子力所保持的液体。（　）

8. 固相粒子的沉降情况分为两种，一是离心沉降，一是分离沉降。（　）

9. 当工业生产过程的工艺操作条件已确定时，具体选择何种分离机械主要依据分离任务和物料特性而定。（　）

10. 过滤离心机的离心过程分为三个主要阶段：滤渣的形成，滤渣的压紧和滤渣的排出。（　）

11. 目前工业用过滤式离心机有离心和沉降操作两大类。（　）

12. 分离机械的操作方式分为离心操作和沉降操作。（　）

13. 分离机械的分离目的主要包括清除滤渣和固相回收。（　）

14. 固相回收分为洗涤、机内干燥和机外干燥。（　）

15. 沉降离心机的生产能力，应理解为能将所需分离的最小固相粒子沉降在鼓内，而不致随分离液带出的最大悬浮液流量。（　）

四、简答分析

1. 简述离心过滤和普通过滤的区别。

2. 简述过滤离心机操作循环包括哪几个阶段。

3. 列举常用过滤离心机和沉降离心机的形式（每类不少于5种）。

4. 简述分离机械选型的原则。

5. 什么是分离因数？提高分离因数的主要途径是什么？

6. 离心机的生产能力与哪些条件有关，蝶片式离心机的生产能力为什么与蝶片数有关？

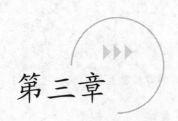

第三章

过滤分离机械的结构与维护

● 知识目标

　　了解过滤分离机械的分类；掌握过滤分离机械的主要参数；掌握加压过滤机和真空过滤机的结构与工作原理；掌握加压过滤机和真空过滤机的拆装流程和规范；了解企业维修作业程序，有安全操作、文明作业意识。

● 能力目标

　　能熟练拆装加压过滤机和真空过滤机；能正确使用加压过滤机和真空过滤机维修常用拆装工具；能正确使用常用测量仪表、仪器；能快速检测典型过滤机的常见故障原因并排除。

● 观察与思考

　　中国古代即已应用过滤技术于生产，公元前200年已有植物纤维制作的纸。公元105年蔡伦改进了造纸法。他在造纸过程中将植物纤维纸浆荡于致密的细竹帘上。水经竹帘缝隙滤过，一层薄湿纸浆留于竹帘面上，干后即成纸张，如图3-1所示。请思考：

- 上述造纸过程中是利用什么力的作用使植物纤维和水分离？
- 上述分离过程耗时长，可以采用什么方法提高过滤速度？

图 3-1　汉代造纸法

第一节　过滤过程及设备类型

一、过滤过程

　　过滤是指利用一种具有很多毛细孔的物质作为过滤介质，使被过滤的液体由此介质中的小孔通过，而把悬浮液中的固体微粒截留在过滤介质上，从而实现液-固分离的过程。

如图 3-2 所示，过滤操作过程中，通常把原有的悬浮液称为滤浆，滤浆中的固体微粒称为滤渣，积聚在过滤介质上的滤渣层称为滤饼，透过滤饼及过滤介质的澄清液体称为滤液。

工业中采用的过滤介质种类主要有粒状介质（如细砂、石砾、玻璃碴、木炭、骨炭等）、织物介质（如棉、麻、羊毛、蚕丝、合成纤维等织成的过滤介质及不锈钢、黄铜、镍等金属丝制作的过滤介质）、多孔性固体介质（如多孔陶瓷板或管、多孔塑料板、多孔金属板等）。它们都必须具有多孔性、化学稳定性和足够的机械强度。

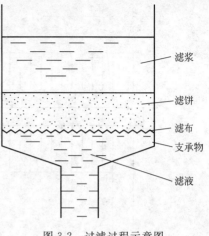

图 3-2　过滤过程示意图

二、 过滤机类型

在工业上应用的过滤设备称为过滤机，它是借重力场或压差来实现分离过程的，用于含有大量固相的悬浮液。

过滤机按过滤推动力不同可分为重力过滤机、加压过滤机、真空过滤机和过滤离心机。过滤机按操作方法不同可分为间歇式过滤机和连续式过滤机。

1. 间歇式过滤机

间歇式过滤机的过滤、洗涤、干燥、卸料四个操作工序在不同时间内，在过滤机同一部分上依次进行。它的结构简单，但生产能力较低，劳动强度较大。一般加压过滤机多为间歇式过滤机。

2. 连续式过滤机

连续式过滤机的四个操作工序是在同一时间内，在过滤机的不同部位上进行。它的生产能力较高，劳动强度较小，但结构复杂。真空过滤机一般为连续式过滤机。

第二章中已详细介绍了过滤离心机，本章主要介绍加压式过滤机、真空过滤机及盘式过滤机。

第二节　板框式压滤机的结构与维护

板框压滤机是很成熟的脱水设备，在欧美早期的污泥脱水项目上应用很多，板框压滤机的结构较简单，操作容易，分离效果稳定，过滤面积选择范围灵活，单位过滤面积占地较少，过滤推动力大，所得滤饼含水率低，对物料的适应性强，适用于各种污泥。

一、 结构

板框压滤机由机架、压紧机构和过滤机构组成。

1. 机架

如图 3-3 所示，两横梁把止推板和压紧装置连在一起构成机架，机架上压紧板与压紧装置铰接，在止推板和压紧板之间依次交替排列着滤板和滤框，滤板和滤框之间夹着过滤

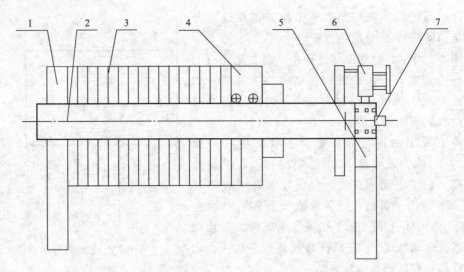

图 3-3 卧式板框式压滤机结构示意图（机械压紧）

1—止推板；2—横梁；3—滤板；4—压紧板；5—电器盒；6—减速装置；7—丝母支座

介质。

（1）止推板 它与支座连接将压滤机的一端坐落在地基上。

（2）压紧板 用以压紧滤板滤框，两侧的滚轮用以支承压紧板在横梁的轨道上滚动。

（3）横梁 是承重构件，根据使用环境防腐的要求，可选择硬质聚氯乙烯、聚丙烯、不锈钢包覆或新型防腐涂料等涂覆。

2. 压紧机构

板框压滤机有手动压紧、机械压紧和液压压紧三种形式。手动压紧是螺旋千斤顶推动压紧板压紧；机械压紧是电动机配 H 形减速箱，经机架传动部件推动压紧板压紧；液压压紧是有液压站经机架上的液压缸部件推动压紧板压紧。压紧装置推动压紧板，将所有滤板和滤框压紧在机架中，达到额定压紧力后，即可进行过滤。

① 手动压紧装置，是以螺旋式机械千斤顶推动压紧板将滤板压紧。

② 机械压紧由图 3-3 中，压紧机构由电动机（配置先进的过载保护器）减速器、齿轮副、丝杆和固定螺母组成。压紧时，电动机正转，带动减速器、齿轮副，使丝杆在固定丝母中转动，推动压紧板将滤板、滤框压紧。当压紧力越来越大时，电动机负载电流增大，当大到保护器设定的电流值时，达到最大压紧力，电动机切断电源，停止转动，由于丝杆和固定丝母有可靠的自锁螺旋角，能可靠地保证工作过程中的压紧状态，退回时，电动机反转，当压紧板上的压块，触压到行程开关时退回停止。

③ 液压压紧。如图 3-4 所示，液压压紧机构的组成由液压缸座、液压缸、活塞杆、油管以及压紧板组成。液压压紧机械压紧时，由外联液压站（图中未画出）供高压油，油缸与活塞构成的元件腔充满油液，当压力大于压紧板运行的摩擦阻力时，压紧板缓慢地压紧滤板，当压紧力达到溢流阀设定的压力值（由压力表指针显示）时，滤板、滤框（板框式）或滤板（厢式）被压紧，溢流阀开始卸荷。这时，切断电动机电源，压紧动作完成。退回时，换向阀换向，压力油进入油缸的有杆腔，当油压能克服压紧板的摩擦阻力时，压紧板开始退回。液压压紧为自动保压时，压紧力是由电接点压力表控制的，将压力表的上限指针和下限指针设定在工艺要求的数值，当压紧力达到压力表的上限时，电源切断，油泵停止供

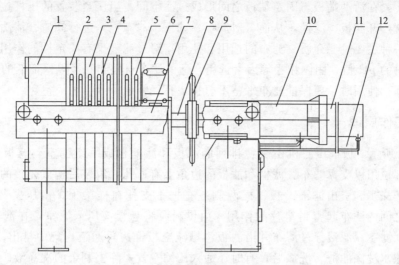

图 3-4　卧式板框式压滤机结构示意图（液压压紧）

1—止推板；2—头板；3—滤板；4—滤布；5—尾板；6—压紧板；7—横梁；8—活塞杆；
9—锁紧螺母；10—液压缸座；11—液压缸；12—油管

电，由于油路系统可能产生的内漏和外漏造成压紧力下降，当降到压力表下限指针时，电源接通，油泵开始供油，压力达到上限时，电源切断，油泵停止供油，这样循环以达到过滤物料的过程中保证压紧力的效果。

3. 过滤机构

结构如图 3-5 所示，板框压滤机的过滤机构由滤布、滤框和滤板组成，滤框和滤板一般为正方形，角上开有孔，在机架上组装后即形成供滤液、洗涤水或滤浆流动的通道。悬浮液从止推板上的进料孔进入各滤室（滤框与相邻滤板构成滤室），固体颗粒被过滤介质截留在滤室内，滤液则透过介质，由出液孔排出机外。

压滤机的出液有明流和暗流两种形式，滤液从每块滤板的出液孔直接排出机外的称明流式，明流式便于监视每块滤板的过滤情况，发现某滤板滤液不纯，即可关闭该板出液口；若各块滤板的滤液汇合从一条出液管道排出机外的则称暗流式，暗流式用于滤液易挥发或滤液对人体有害的悬浮液的过滤。

滤板、滤框可沿着导轨移动、开合。当压紧装置的压杆顶着活动端板向前移动时，就将

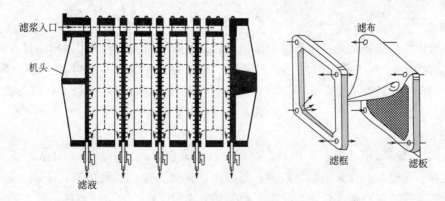

图 3-5　板框压滤机的滤框和滤板

滤板、滤框夹紧在活动端板与固定端板之间形成过滤空间。当压紧装置的压杆拉着活动端板向后移动时就松开滤板、滤框,从而可对滤板、滤框、滤布逐一进行卸渣、清洗。

滤布是一种主要过滤介质,滤布的选用和使用,对过滤效果有决定性的作用,选用时要根据过滤物料的 pH 值,固体粒径等因素选用合适的滤布材质和孔径以保证低的过滤成本和高的过滤效率,使用时,要保证滤布平整不打折,孔径畅通。

二、 工作原理

如图 3-6 所示,板框压滤机由交替排列的滤板和滤框构成一组滤室。滤板的表面有沟槽,其凸出部位用以支撑滤布。滤框和滤板的边角上有通孔,组装后构成完整的通道,能通入悬浮液、洗涤水和引出滤液。板、框两侧各有把手支托在横梁上,由压紧装置压紧板、框。板、框之间的滤布起密封垫片的作用。由供料泵将悬浮液压入滤室,在滤布上形成滤渣,直至充满滤室。滤液穿过滤布并沿滤板沟槽流至板框边角通道,集中排出。过滤完毕,可通入清洗涤水洗涤滤渣。洗涤后,有时还通入压缩空气,除去剩余的洗涤液。随后打开压滤机卸除滤渣,清洗滤布,重新压紧板、框,开始下一工作循环。

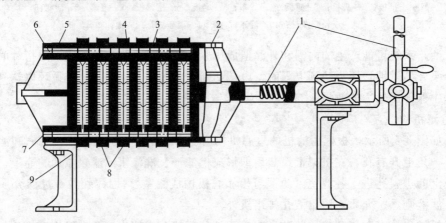

图 3-6 卧式板框式压滤机工作原理
1—压紧装置;2—压紧板;3—滤框;4—滤板;5—止推板;
6—滤液出口;7—滤浆入口;8—滤布;9—支架

三、 特点与应用

1. 特点

板框式压滤机设备重量与体积大,采用而该类型的污泥脱水机采用间断运行方式,时产 50kg/h 左右固体,生产率相对较小,但是脱水率较高,泥饼含水率可达 70%～85%,此外,板框式压滤机还有需要专人看守,自动性较差;活动部件多,不稳定;设备投资稍低;维修难度大;操作较为复杂,须专人管理;使用寿命短等特点。

2. 应用

板框式压滤机可用于燃料、颜料、烧碱、纯碱、氯碱盐、白炭墨、皂紫、芬墨、漂白粉、立德粉、荧光粉、保险粉、氯酸钾、硫酸钾、硫酸亚铁、氢氧化铁、净水剂、硫酸铝、聚合氯化铝、碱式氯化铝等化工生产中,此外还可用于医药、冶金、炼油、污水处理、食品等行业。

四、 操作规程

1. 操作前准备工作

检查：① 板框的数量是否符合规定，禁止在板框少于规定数量的情况下开机工作。

② 板框的排列次序是否符合要求，安装是否平整，密封面接触是否良好。

③ 滤布有无破损，滤布孔比板框孔小且与板框孔相对同心。

④ 各管路是否畅通，有无漏点。

⑤ 液压系统工作是否正常，压力表是否灵敏好用。

2. 操作中注意事项

① 安装压滤布必须平整，不许折叠，以防压紧时损坏板框及泄漏。

② 液压站的工作压力橡塑板框最高工作压力不得超过 20MPa。

③ 过滤压力必须小于 0.45MPa，过滤物料温度必须小于 80℃，以防引起渗漏和板框变形、撕裂等。

④ 操纵装置的溢流阀，须调节到能使活塞退回时所用的最小工作压力。

⑤ 板框在主梁上移动时，不得碰撞、摔打，施力应均衡，防止碰坏手把和损坏密封面。

⑥ 物料、压缩、洗液或热水的阀门必须按操作程序启用，不得同时启用。

⑦ 卸饼后清洗板框及滤布时，应保证孔道畅通，不允许残渣粘贴在密封面或进料通道内。

五、 维护和保养

① 注意各部连接零件有无松动，应随时予以紧固。

② 压紧轴或压紧螺杆应保持良好的润滑，防止有异物。

③ 压力表应定期校验，确保其灵敏度。

④ 拆下的板框，存放时应码放平整，防止挠曲变形。

⑤ 每班检查液压系统工作压力和油箱内油量是否在规定范围内。

⑥ 油箱内应加入清洁的 46♯ 液压油，并经 80～100 目滤网过滤后加入，禁止将含杂质或含水分的油加入油箱。

⑦ 操作人员应坚持随时打扫设备卫生，保持压滤机干净整洁，使设备本体及周围无滤饼、杂物等。

六、 常见故障与排除

1. 板块本身的损坏和检修

① 当污泥过稠或干块遗留时，就会造成供料口的堵塞，此时滤板间没有了介质只剩下液压系统本身的压力，板块本身由于长时间受压极易造成损坏。出现此类情况，可使用尼龙的清洗刮刀，除去进料口的淤泥。

② 供料不足或供料中含有不合适的固体颗粒时，同样会造成板框本身受力过多以至于损坏。出现此类情况，可减少滤板容积，从而减小受力。

③ 如果流出口被固体堵塞或启动时关闭了供料阀或出阀，压力无处外泄，以至于造成损坏。出现此类情况，可检查滤布，清理排水口，检查出口，打开相应阀门，释放压力。

④ 滤板清理不净时，有时会造成介质外泄，一旦外泄，板框边缘就会被冲刷出一道一

道的小沟来，介质的大量外泄造成压力无法升高，泥饼无法形成。出现此类情况，需仔细清理滤板，修复滤板排除故障。

2. 板框间渗水故障排除

造成板框间渗水的原因主要有液压低、滤布褶皱和滤布上有孔、密封表面有块状物。板框间渗水的处理方法比较简单，只要相应地增加液压、更换滤布或者使用尼龙刮刀清除密封表面的块状物就可以了。

3. 形不成滤饼或滤饼不均匀

造成滤饼形不成或不均匀的原因有很多，供料不足或太稀，或者有堵塞现象都会引起这种现象。针对这些故障要仔细的排查原因，最终找到确切的问题所在，然后对症施治解决问题。

主要的解决办法有：增加供料、调整工艺，改善供料、清理滤布或更换滤布、清理堵塞处、清理供料孔、清理排水孔、清理或更换滤布、增加压力或泵功率、低压启动，不断增压等方法。

4. 滤板行动迟缓或易落

有的时候由于导向杆上油渍、污渍过多也会导致滤板行走迟缓，甚至会走偏掉下来。这个时候就要及时清理导向杆，并涂上润滑脂，保证其润滑性。要注意的一点是严禁在导向杆上抹稀油，因为稀油易掉使下边很滑，人员在这里操作检修极易摔倒，造成人身伤害事故。

5. 液压系统的故障

板框压滤机的液压系统主要是提供压力的，由于制造精密，液压系统故障较少，只要注意日常维护就可以了。尽管如此，由于磨损的缘故，每过一年左右就会出现漏油现象，这时就要维修或更换 O 形密封圈。

第三节　叶滤机的结构与维护

叶滤机也是一种间歇加压过滤设备，主要由耐压的密闭圆筒形罐体及安装在罐体内的多片滤叶组成。

一、结构

1. 立式叶滤机

其结构如图 3-7 所示。该机的立式滤筒由钢板焊制而成，滤头（上部头盖）为椭圆形，底部为 90°角的圆锥形。滤筒与滤头间有橡胶圈并压紧、铰接密封，其铰接机构由油缸推动，可使滤头快开快闭，锥底部有排渣阀，滤叶直立吊挂在滤筒内。滤叶是由异形钢管焊制而成的滤框和滤网组成。在滤叶的滤网外面包覆过滤介质（滤布或编制网等），并用锁环固定或压紧，叶片的两面都是过滤面。

2. 卧式叶滤机

其结构如图 3-8 所示，滤叶在罐内水平安装。在图 3-7 立式结构中采用垂直安装滤叶，两面均能形成滤饼。而图 3-8 水平滤叶只能在上表面形成滤饼，在同样条件下，水平滤叶的过滤面积为垂直滤叶的 1/2，但水平滤叶形成的滤饼不易脱落，操作性能比垂直滤叶好。

二、工作原理

如图 3-7 所示，叶滤机由许多滤叶组成。滤叶是由金属多孔板或多孔网制造的扁平框

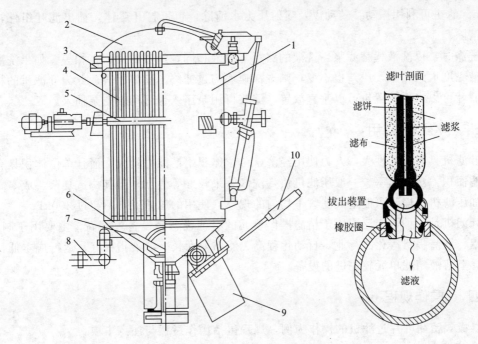

图 3-7　立式叶滤机结构示意图

1—滤筒；2—滤头（封头）；3—喷水装置；4—滤叶；5—浆料加入管；6—锥底；
7—滤渣清扫器；8—滤液排出管；9—排渣口；10—插板阀气缸

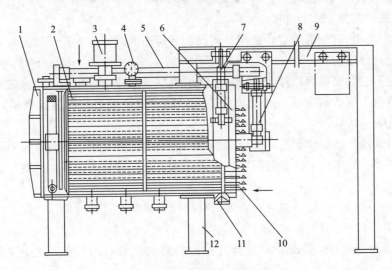

图 3-8　卧式叶滤机（水平叶片）

1—滤筒；2—滤叶；3—阻液排气阀；4—压力表；5—拉出油缸；6—头盖；7—锁紧油缸；
8—倒渣油缸；9—支架；10—视镜阀；11—快开机构；12—底座

架，内有空间，外包滤布，将滤叶装在密闭的机壳内，为滤浆所浸没。滤浆中的液体在压力作用下穿过滤布进入滤叶内部，成为滤液后从其一端排出。过滤完毕，机壳内改充清水，使水循着与滤液相同的路径通过滤饼进行洗涤，故为置换洗涤。最后，滤饼可用振动器使其脱落，或用压缩空气将其吹下。

过滤时，将滤叶置于密闭槽中，滤浆处于滤叶外围，借滤叶外部的加压或内部的真空进行过滤，滤液在滤叶内汇集后排出，固体粒子则积于滤布上成为滤饼，厚度通常为 5～

35mm。滤饼可利用振动、转动以及喷射压力水清除，也可打开罐体，抽出滤叶组件，进行人工清除。

洗涤时，以洗液代替滤浆，洗液的路径与滤液相同，经过的面积也相等。如果洗液黏度与滤液黏度大致相等，压差也不变，则洗涤速率与过滤终了速率相等。此为叶滤机的特点之一。滤叶可以水平放置也可以垂直放置，滤浆可用泵压入也可用真空泵抽入。

三、 特点与应用

叶滤机具有灵活性大，人力使用经济，单位体积生产能力较大，而且单位体积具有很大的过滤面积，洗涤速率较一般压滤机快，洗涤效果较好等优点。但其构造复杂，成本高，滤饼不如压滤机干燥，可能造成滤饼不均匀的现象，使用的压差通常不超过 400kPa。

叶滤机是一种可广泛应用于精滤操作单元的过滤设备。设备效率高，主要用于制糖业、氧化铝、钢渣提钒等化工行业，自动化程度高、滤布寿命长、滤液指标好、运行成本低，是目前世界上溶液精滤单元较先进的设备。

四、 操作规程

以板式密闭叶片过滤机的操作为例，规程包括操作过程与注意事项。

1. 操作过程

（1）充满过滤罐　打开进料阀门和溢流阀门，开启泵阀门，让滤液充满整个过滤罐。

（2）预涂循环　开启阀门，进行预涂循环，同时开启调节阀，压力控制在 0.1～0.4MPa，一般时间为 5～10min。

（3）过滤　一旦过滤清晰后，把调节阀门调到所需的过滤速度，开始正式过滤，直到滤饼达到最大允许厚度为止。

（4）压料　过滤完成后，停止输液泵，压缩空气进入使余料压回至原液贮罐。

（5）滤饼吹干　压料完成后，让蒸汽进入，同时让少量的气体通过视镜，一般时间为15～40min 或 5～20min。

（6）滤饼卸除　滤饼吹干后，降低过滤罐内的压力。等到压力达到常压后，开启排渣阀门，同时振动器开始工作，注意阀门要间段式开关，这样往复几次后，滤饼可以从滤网上卸除掉了。

（7）关闭蝶阀　清除滤饼后，关闭所有阀门，网板要进行清洗。

2. 注意事项

① 在有压力和物料的情况下严禁打开过滤机底阀进行排渣，绝不允许先开振动装置、后开蝶阀。

② 人工排渣时滤饼厚度应控制在小于等于 15mm，自动排渣时滤饼厚度应控制在小于等于 20mm，若超过以上厚度，会引起排渣不畅通或滤网变形。

③ 过滤机在安装时，应在过滤机的进口安装一片金属滤网，是为了防止管道内的焊渣等杂质进入过滤机内，从而损坏排渣底阀的密封面。

五、 维护与保养

① 每班工作前，应检查过滤机快开螺栓是否松动，如发现松动，应予以拧紧，以保持机盖与机体结合的良好密封。

② 滤网片在清洗过程中，如不小心损坏了滤网，可用银焊进行焊补，仍可继续使用。

③ 根据使用情况，每次滤网片清洗后，应对滤网片下部 O 形圈进行一次检查，如发现损坏应及时更换。

④ 带有振动器的过滤机，备有油雾器，每月应对油雾器进行一次清洗加油，以确定振动器的正常工作润滑。

⑤ 如长期停机，应对整个机组进行清洗，以防止物料发生霉变而腐蚀机内零件，特别对滤网片应严加护理，将滤网彻底清洗，挂置于干燥处。

六、 常见故障及排除

1. 梨形滤饼

梨形滤饼是指下部的滤饼比上部的厚，出现这种情况是不理想的，因为这将会减少过滤罐的可用空间，还会导致过滤速度降低。

梨形滤饼是由过滤罐中的固定沉降物引起，可通过让多余的罐内液体通过溢流口回到待滤液储存罐来消除这种现象。

2. 过滤后的液体仍然浑浊

引起这种现象有多种因素：滤网片表面破损，滤框边缘未将滤网压紧，有缝隙；滤网片出料口 O 形圈不好；过滤压力不稳定；待滤液中含有气泡；出液管道中还残存固体杂质。

滤网片表面破损应修补或更换网片；O 形圈损坏，应及时更换；操作时，要严格按照各种程序进行，防止管内压力波动；如果待滤液中有气泡，可提高储存罐内真空度加以消除；若管道中还残存固体杂质，应予消除。

3. 过滤压力上升太快和过滤周期太短

过滤压力过高，一般是由滤网堵塞引起的。也有可能是待滤物料中有很多的胶状物质紧紧地覆盖在滤饼上，而堵塞过滤通道，这种情况可在待滤液中加适量的助滤剂来改善过滤状况。

4. 振动器不能振动

振动器供气后仍不能启动，可检查接通空气源速度是否太慢，应较快地接通；可检查供气压力是否超过 0.4MPa，如空气压力不够，调节阀供给足够压力的压缩空气。振动器活塞是否卡死，应检查油雾器中是否有油，空气应经油雾后，提供给活塞，要有良好的润滑。

第四节　真空过滤机

真空过滤机是一种连续自动操作过滤机，用于化工厂固-液相分离，在工业生产中得到广泛应用。目前工业生产中使用的主要有 G 型外滤面转鼓真空过滤机、N 型内滤面转鼓真空过滤机（盘式翻斗真空过滤机是真空过滤机一种特殊形式，在后面作详细介绍）。G 型外滤面转鼓真空过滤机又分为内错气式和外错气式两种。

G 型真空过滤机与离心机相比，存在辅机设备复杂、单位产量耗电量多、固相湿含量较高等缺点，但由于滤布再生条件比离心机好，能过滤离心机所不能过滤的某些物料，具有自动连续操作、处理量大、滤饼洗涤良好、转动速度较慢、运转可靠、生产损失小、检修拆卸方便、生产操作易于控制等优点，广泛应用于制碱、染料、炼油、造纸、制糖、采矿等工业部门。N 型真空过滤机用于过滤固相颗粒粗细不同，且沉降速度大的悬浮液，主要应用在采矿、煤炭和冶金等工业部门。

一、 工作原理

1. G型外滤面刮刀卸料转鼓真空过滤机

如图 3-9 所示，为转鼓真空过滤机的结构和工作原理。它有一水平转鼓，鼓壁开孔，鼓面上铺以支承板和滤布，构成过滤面。过滤面下的空间分成若干隔开的扇形滤室。各滤室有导管与分配阀相通。转鼓每旋转一周，各滤室通过分配阀轮流接通真空系统和压缩空气系统，顺序完成过滤、洗渣、吸干、卸渣和过滤介质（滤布）再生等操作。在转鼓的整个过滤面上，过滤区约占圆周的 1/3，洗渣和吸干区占 1/2，卸渣区占 1/6，各区之间有过渡段。过滤时转鼓下部沉浸在悬浮液中缓慢旋转。沉没在悬浮液内的滤室与真空系统连通，滤液被吸出过滤机，固体颗粒则被吸附在过滤面上形成滤渣。滤室随转鼓旋转离开悬浮液后，继续吸去滤渣中饱含的液体。当需要除去滤渣中残留的滤液时，可在滤室旋转到转鼓上部时喷洒洗涤水。这时滤室与另一真空系统接通，洗涤水透过滤渣层置换颗粒之间残存的滤液。滤液被吸入滤室，并单独排出，然后卸除已经吸干的滤渣。这时滤室与压缩空气系统连通，反吹滤布松动滤渣，再由刮刀刮下滤渣。压缩空气（或蒸气）继续反吹滤布，可疏通孔隙，使之再生。

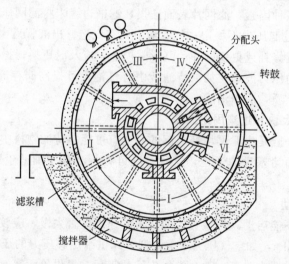

图 3-9　G型外滤面刮刀卸料转鼓真空过滤机工作原理示意图

2. N型内滤面连续操作真空过滤机

如图 3-10 所示，转鼓的一部分浸在悬浮液中，由电动机通过传动装置带动旋转，过滤区与真空线路连通。在真空作用下，滤液穿过滤布和筛板进入过滤室，并经轴颈排出机外，悬浮液中的固体颗粒则被阻挡在滤布表面形成滤饼层。脱水区内的各过滤室仍与真空线路连通，滤饼中的残留滤液继续被抽出，同时也从分配头室排出。排饼区内压缩空气由分配头吹入区内各过滤室。脱水后的滤饼在压缩空气和重力作用下脱离滤布，并落入接料斗中，然后由带式输送机运走。滤布清洗区压缩空气由分配头进入，吹落堵塞在滤布孔隙中的固体颗粒，使滤布再生。

二、 结构

如图 3-11 所示，设备的主体是一个回转的真空滤筒，滤筒的下部横卧在滤浆槽内，滤

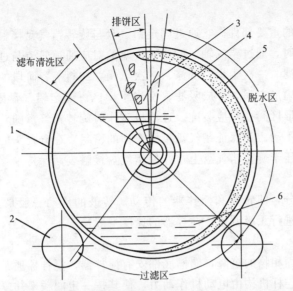

图 3-10　N 型内滤面连续操作真空过滤机工作原理示意图

1—筒体；2—托辊；3—挡板；4—皮带运输机；5—滤饼；6—滤浆

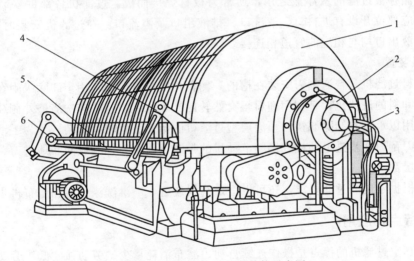

图 3-11　转鼓真空过滤机结构示意图

1—过滤转鼓（滤筒）；2—分配头；3—传动系统；4—搅拌装置；5—料浆储槽；6—铁丝缠绕装置

浆槽为一半圆形槽，两端有两对轴瓦支承着滤筒。滤筒两头均有空心轴，一端空心轴安装传动装置，带动过滤筒回转；另一端的空心轴安装滤液管和洗液管，供滤液和洗液通过。滤筒的末端装有分配头，分别与真空管路和压缩空气管路相连，前者用于过滤时抽取真空，后者用于吹脱滤饼。滤筒的表面覆盖一层多孔滤板（或塑料网格），滤板上覆盖滤布；滤筒沿径向分隔成若干互不相通的扇形格滤室，每个格滤室都单独接有与分配头相通的滤液管。

1. 转鼓

转鼓是转鼓真空过滤机的主要部件，主要由主轴、轴承座、错气轴、外滤面等组成，水平放置于储槽之上；转鼓通常由不锈钢板材及其他强度较高的材料焊接而成，也有用高强度铸铁铸造成型；转鼓内的空间分割成彼此独立的小滤室，每个滤室都以单独的孔道与主轴颈端的分配头相连接；转鼓外表面铺有若干块塑料或其他材质的筛网板，形成转鼓过滤的外滤面。

2. 分配头

分配头为过滤机的重要部件。它通过固定错气盘与旋转错气盘接触，其作用是使转鼓的每一过滤区域在旋转时，通过错气轴、旋转错气盘的对应通道轮流与过滤装置的真空系统接通。从而依次进行吸滤、一次干燥、洗涤、二次干燥、卸料等各阶段的操作。分配头内部分为相互隔开的若干个扇形空间，形成吸滤、洗涤干燥区。固定错气盘固定于分配头断面上，与分配头上的两个扇形区间孔对应装配。过滤机工作时旋转错气盘随转鼓一起旋转，分配头和固定错气盘则固定不动。为保证错气盘接触表面的密封，在分配头的外圆上均分地安装压缩弹簧，将分配头紧压于旋转错气盘上，并使错气盘接触表面保持足够的密封压力。

3. 传动系统

传动装置分两部分，即转鼓和搅拌器的传动。转鼓的传动一般是由电动机和减速机构成，靠变频器对转鼓进行无级调速。搅拌器的速度一般恒定。

4. 搅拌装置

为防止悬浮液中固相物的沉降，储槽底部安有搅拌器，搅拌器通常由往复式气动装置作为动力，也可由曲柄连杆机构由电动机作动力，使其按一定的频率往复摆动。

5. 储槽

储槽是储存被过滤的悬浮液之用，通常为板材焊接而成。过滤机各部件安装于储槽之上，槽体相应部位开设有进料口、清洗口、排液出口及溢流口。在过滤机安装时，进料口、溢流口、排液出口均与相应的管道相连接。

6. 卸料装置

刮刀卸料过滤机是普通刮刀安装在槽的一侧，角度可以调节，用于卸除吸附在滤布上的滤饼。折带卸料的过滤机，是利用卸料辊突然转向卸除滤饼，在滤布洗涤槽外侧装有可调角度的刮刀，用以承接并卸除滤饼。预涂层型过滤机的刮刀装置较为复杂，分为手动和自动进刀。自动进刀刮刀在步进电动机或调频电动机的带动下使刮刀连续或间断地进刀，将滤渣连同部分预涂层刮下。

另外，根据不同的过滤要求，还可以增加绕线装置，喷淋洗涤装置和滤布再生装置等。

三、 特点和应用

转筒式真空过滤机的优点是操作连续自动、滤布消耗量少、劳动强度低、劳动条件好和生产能力大。但缺点是体积较大、能源消耗大、滤浆的温度不能太高和过滤的推动力不够大等。

它特别适用于大规模处理固体物含量很大的悬浮液，广泛应用于化工、石油、制药、轻工、食品、选矿、煤炭和水处理等部门。

四、 操作规程

1. 安装滤布

用一个拉链连接件使滤布成为无缝带，把滤布安装在过滤机转鼓上之前把滤布铺在干净的地板上，有时滤布上印有"正面"的字样，用一小段绳子把滤布挂在过滤器的格栅上在低速运行转速下开动过滤转鼓驱动器，这样转鼓把滤布带到其位置上在到达正面位置时，停止驱动，取下将滤布挂在格栅上的绳子，重新启动转鼓，辊间的滤布会被拉紧，拉链连接件的两部分应靠近排放辊，以确保滤布易于连接，在滤布两边的塑料边应用一段不锈钢丝连接上，以形成一个无缝的环带，用于此目的的不锈钢丝与过滤滤布一般由厂家一起提供，滤布形成环状时，应用拉伸辊小心的拉伸，在运行中观察侧连接缝，并根据说明书进行辅助调节（张紧装置）。

2. 滤布的洗涤

在开始新的过滤周期以前，为了清洁滤布，设有两个带喷嘴的洗涤管，它们被固定在滤布的内外两侧上，同时进行清洗，洗水被收集在下部的洗水槽内，并排至罐槽内。滤布的洗水非常重要，在运行期间，千万不要停止洗水的供给，若因某些原因供水必须停供，过滤机就要停车，否则就会导致那个区域的滤布不能得到适当的清洗。固定的过滤器清洗的频率可根据该装置的运行情况而定，每次停车都将是难得的清洗时机。

3. 滤布的清洗

仅洗涤滤布并不能完全保证滤布的清洁，滤布会逐渐变脏，因此，一周或者两周之后必须对滤布进行清洗。通常在运行时会有少量的溢流间歇的进入给料罐，以保证过滤槽内的液位的稳定，过滤器的能力下降时，溢流增减并且滤布上的滤饼的厚度变薄，这时必须停止过滤，进行清洗滤布，关闭过滤机进料阀把物料全部排空，向槽内加入 40°～50°的热水，转鼓浸到 5～10cm，每立方水中加入 3kg 的洗涤剂，重新开动转鼓并调节到最低转速，滤布洗涤时应坚持 3～4h，然后排掉清洗液注入污水管，用洗涤喷枪清洗器表面，使之不含有洗涤剂为止。另一种办法就是更换滤布，将要洗涤的滤布在一宽敞平整的场地上伸展开来，用毛刷沾洗涤剂进行仔细的清洁，待两面全部清洗完毕后，用清水冲洗干净，并放在室内自然晾干（滤布在阳光新会加速老化）。

4. 润滑

过滤机必须在以下各点上进行润滑：驱动器、耳轴轴承、自动阀、轴的轴承（饼的排放辊、拉伸辊、换向辊）。球轴承只用润滑脂注入其容量的三分之一，运行 5000h 左右，要清洗轴承并重新注入新的润滑脂，转鼓的耳轴上配有润滑油杯，在运行时要保证其每分钟有 3～5 滴的润滑油滴入。带式排放装置有三个辊子，用来引导滤布进出过滤机，这些辊子有多个轴承支承，每个轴承必须要定期润滑，以确保辊子自由转动。

5. 开车程序

① 检查过滤器的润滑、外物障碍、运动部件等情况，通过开在过滤槽上的清洁孔检查过滤槽和过滤鼓之间的间隙。

② 关掉过滤机排放阀（槽体底部），打开真空泵吸入口真空调节阀，关小气液分离缸和真空泵吸气管之间的连接阀。

③ 检查真空泵，并启动真空泵，送入适当的密封水至运行正常。

④ 打开物料进料阀，并且检查以确保物料流入过滤槽内，在浆液溢流之前可以调节给料速度。

⑤ 以最低的转速开动转鼓驱动器，速度的调节只能在转鼓运行时进行。

⑥ 打开滤布洗水阀。

⑦ 启动滤液泵。

⑧ 逐渐关闭真空调节阀并开大真空泵与气液分离缸之间的阀门。

⑨ 给料速度、溢流量、转鼓的转速都可以在运行中调节，以确保适当的运行状态。

⑩ 为确保运转平稳，要注意观察滤布导向轨，必要时进行调节。

⑪ 通过调节真空调节阀可获得最佳真空度，不要在太低的真空度下运行（0.05MPa 以

下），因为这将破坏正常的洗滤和滤饼脱水。

　　注：待转鼓运行正常后，要随时观察真空泵的供水量，以提供足够的真空度。

6. 停车

① 停止给料。

② 在过滤槽内的料位降低到转鼓底部时，才停止运行。

③ 停真空泵和滤液泵。

④ 彻底排尽槽体内物料。

⑤ 保持过滤机转鼓的转动，用软管彻底清洗过滤转鼓和过滤槽，应清洁四周，保持设备的清洁要比清除在不同位置上变硬的物料容易得多，尤其是辊子洗水槽和喷淋装置。

⑥ 停下过滤机。

⑦ 停下滤布洗涤装置。

⑧ 彻底检查整个过滤设备。

五、 保养维护与故障排除

1. 过滤机维护保养与安全注意事项

① 工作场地要保持干净、整洁，防止水及腐蚀性物质落在设备上。

② 调速电动机、减速机、真空泵，以及电控元件、气控元件的维护保养均按其出厂说明书进行。

③ 传动部件和各轴承座定期加润滑油。

④ 停机时间较长时应对机器进行全面清洗、擦拭，做好防腐工作。

⑤ 滤布、橡胶带要保持干净，防止异物刮损。

⑥ 电器控制柜内要保持整洁，不得放置杂物和工具。

⑦ 开机前应空载运行 5min 再投料生产。

⑧ 严禁在设备周围电焊，必须需焊接时，应防止烧坏胶带、滤布、裙边等易燃部件。

⑨ 严禁用水冲洗电动机及电控元件。

2. 故障原因及排除方法（见表 3-1）

表 3-1　真空过滤机常见故障原因与排除方法

故障现象	产生原因	排除方法
滤布走偏	纠偏缸失灵	检查纠偏缸的气源压力
	红外线探头失灵	检查红外线探头是否有异物
	滤布未张紧	张紧滤布
	密封圈磨损	更换密封圈
滤布松弛	张紧力<0.3MPa	调大张紧力>0.3MPa
	密封圈磨损	更换密封圈
排液罐不排液	蝶阀密封圈磨损	更换密封圈
	出水阀门密封圈破损或错位	更换橡胶垫，修正出水阀门
气动元件有卡阻现象	气水分离器积水过多	排放气水分离器积水
	油雾器无润滑油	油雾器添加润滑油至刻度线
胶带走偏	定位辊脱落	安装定位辊
	主被动轮不平行	转动方向盘，使主被动轮平行
滤布清洗不干净	清洗水源压力不足，水量较小	增加水压和水量
	刷滚未接触滤布	调节刷辊，使其与滤布接触
	冲洗角度不对	调节喷嘴角度和方向

续表

故障现象	产生原因	排除方法
卸料不干净	刮刀太松 刮刀和滤布间隙太大	调节重锤的力矩增加刮刀力 调节刮刀和滤饼间隙
变频调节失灵	人为设置变频器的程序	按说明书重新恢复原程序
托胶带轮及改向轮不转动	轴承生锈 轴承座有异物	拆除轴承并除锈,增加润滑油脂 清洗异物
真空度<0.2MPa	摩擦带脱落 滤布破损	重新安装摩擦带 更换或修补滤布

第五节　盘式过滤机

盘式过滤机是自动连续操作水平回转倾翻盘真空过滤机。它适用于分离固相沉降速度较大、颗粒大小不均匀的悬浮液,特别适用于滤布再生困难及固相滤饼需要反复进行洗涤的场合,广泛应用于化工、采矿等工业部门。

此类过滤机与前面介绍的 G 型外滤面转鼓真空过滤机相比,具有以下优点。

① 上部加料,有利于过滤和洗涤,且固体颗粒沉降速度越大越好。

② 以一个滤盘为一个过滤单元,洗涤区域大,可以进行连续数次逆流洗涤。

③ 卸料时滤盘翻转,同时接通压缩空气,将滤饼吹落。

④ 滤布的再生也在翻转下进行,先用压缩空气吹,再用水冲洗,所以再生良好。

⑤再生后滤盘翻转复位,在复位过程中将滤布吸干。

在同样占地面积下,此类过滤机的有效过滤面积小,结构本身限制了向大过滤面积发展的可能性。是湿法磷酸生产中过滤工序主要设备,它的作用是将反应生成的磷酸料浆进行液固分离,即分离为磷酸(滤液)和磷石膏(滤饼)。

本节以湿法磷酸生产工艺中使用的盘式过滤机为例,介绍盘式过滤机的工作原理、结构及维护检修技术。

一、分类

我国磷肥工业使用的国产盘式过滤机按结构型式分为 PD 型水平回转倾翻盘真空过滤机和 PF 型水平回转倾翻盘真空过滤机两种类型。PD 型产品系前翻盘型,其滤盘翻转方向与前进方向一致;PF 型产品系后翻盘型,其滤盘翻转方向与前进方向相反。PD 型使用较早,PF 型工艺性能较好,目前正逐步取代 PD 型过滤机。目前,我国磷肥工业中也有使用进口 TPF790 型盘式过滤机的,其结构与国产 PF 型盘式过滤机有一定差异。

除上述两种国内已使用的盘式过滤机外,国外广泛使用的还有 UCEGO 型转台式过滤机。该过滤机具有水平的圆形转台,其上是不锈钢多孔的滤板,其下有受槽(即真空室),并通过装在真空室上的吸滤管,经错气盘将滤液吸入气液分离罐。圆形平台按径向分为若干块扇形板拼合而成。

UCEGO 过滤机与国产现用的过滤机比较,有五个优点:转速快,滤饼薄,过滤强度大;真空消耗低;磷收率高;可调整滤洗区,适应性强;安装高度低,厂房建筑费用低。

UCEGO 过滤机与国产现用过滤机比较有四个缺点:卸料装置制造安装精度要求高,故障多；维护费用高；滤布寿命短，易损坏；正常工作状态下 15～30 天更换一次滤布，停车频繁，开车率低。

二、结构

国产盘式过滤机主要有 PD 及 PF 两种类型，其结构特点比较见表 3-2。

表 3-2　PD 与 PF 型盘式过滤机结构特点比较

类型 部位	PD 型	PF 型
滤盘	前翻 翻盘轴线与几何中心线重合 翻盘占据角度大 盘底平坦，滤液流速慢	后翻 偏心、翻盘可利用自重力 翻盘点角度小，有效利用系数大 盘底斜度大，滤液流速快 盘底残留液量少
抽液管	挠性管	刚性管，管中滞留液量少
冲洗水	间断冲水	可连续冲水
通气阀	无	有

1. 整体结构

如图 3-12 所示，转盘真空过滤机由一组安装在水平转轴上并随轴旋转的滤盘（或转盘）所构成。结构和操作原理与转筒真空过滤机相类似。盘的每个扇形格各有其出口管道通向中心轴，而当若干个盘连接在一起时，一个转盘的扇形格的出口与其他同相位角转盘相应的出口就形成连续通道。与转筒真空过滤机相似，这些连续通道也与轴端旋转阀（分配头）相连。

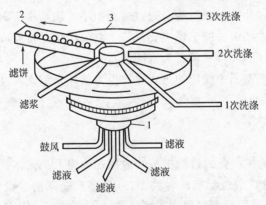

图 3-12　水平圆盘过滤机的结构示意图
1—分配头；2—螺旋输送机；3—过滤盘

2. 典型零件

（1）转盘　是盘式过滤机基体，负载滤盘做水平圆周运动，它由多个框架组成，其上装有内外导轨、内外防护罩、导料罩等部件。转盘外缘（或内缘）上装有一滚销形成一个大针轮，与星轮啮合，接受传动系统传来的动力。

星轮与针轮啮合位置可分为外传动外啮合、内传动内啮合、外传动内啮合三种。一般大型盘式过滤机采用内传动内啮合，小型盘式过滤机采用外传动外啮合。

（2）分配头　如图 3-13 所示，分配头又称错气盘，其作用是实现滤盘预定的抽气、停抽和吹气的各个操作程序。滤盘来的滤液经分配头至气液分离器。分配头由上错气盘、下错

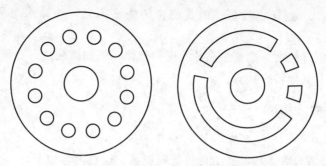

图 3-13　盘式过滤机上、下错气盘开孔布置

气盘、弹簧压紧装置、定位套筒组成。上错气盘和下错气盘上开初滤孔、过滤孔、一洗孔、二洗孔、反吹孔、吸干孔。上错气盘的压力依靠自重和可调节的压缩弹簧压紧装置来实现。

（3）传动装置　由调速电动机、蜗杆减速器、星轮组成。过滤机回转速度可以在一定范围内进行无级调速，以获得最佳的操作条件。

三、工作原理

如图 3-14 所示，盘式过滤机是一种连续水平回转倾翻盘真空过滤机械，在磷肥工业中，用以将反应生成的磷酸料浆进行液-固分离，其过程是每一个滤盘在做一周水平回转运动时完成的。由于滤盘是连续排列的，所以从总体来讲，过滤过程是连续进行的。在滤盘做回转运动的圆周内，被划分为加料、初滤、过滤、一洗、二洗、三洗、卸料等六个区域。悬浮液料浆在加料区通过分布器进入滤盘；在过滤区由于物料重力和滤盘真空室形成的真空压差，滤液通过滤渣间的间隙及滤布进入滤盘下部真空室，再经过抽液管、分配头进入气液分离罐；滤渣由于滤布的作用而被截留于滤盘上部成为滤饼，洗涤区以浓度较稀的滤液及热水洗涤滤饼，从而获得各种不同浓度的滤液；在卸料区，滤盘自动倾翻，滤饼借重力倒入料斗运走，在这一区域内，过滤机还先后自动完成停止抽气、破坏真空、吹气、高压水冲洗滤布、滤盘翻转及复位等动作。

四、特点与应用

转盘真空过滤机具有非常大的过滤面积，可以大到 $85m^2$，其单位过滤面积占地少，滤

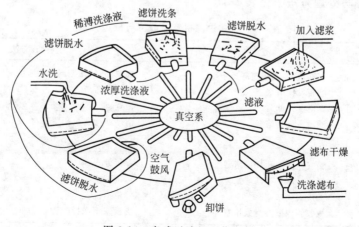

图 3-14　盘式过滤机工作原理

布更换方便、消耗少、能耗也较低。但其滤饼的洗涤不良，洗涤水与悬浮液易在滤槽中相混。

该机适于过滤密度较大、浓度较高的粗颗粒浆体，例如磷酸盐、石膏、二氧化锰、碳酸钾、铁砂、铁矿石及其他特殊物料。

五、 维护与故障排除

1. 日常维护

每隔 2h 巡回检查设备一次，认真做好运行记录。巡检内容如下。

(1) 检查各部润滑点是否有足够的润滑油。

(2) 检查各部位轴承温度。

(3) 检查电动机电流与温升。

(4) 检查传动系统有无异常振动响声。

(5) 检查滤盘通气阀有无松动或工作不可靠。

(6) 检查滤盘滤布有无破损。

(7) 检查密封状况，消除泄漏。

(8) 遇下列情况之一，应立即停车。

① 设备突然断电。

② 滚子链联轴器离合装置打滑。

③ 卡盘或严重碰盘。

④ 导轨一端脱落。

⑤ 发生危及人身、设备安全的重大隐患。

2. 定期巡检

① 检查托轮组、挡轮组、滤盘组运行状况，及时调整、紧固或更换损坏零件。

② 检查各滤盘运行状况，发现碰盘及时调整消除。

③ 检查各滤盘通气阀开口销，不准有脱落。

④ 检查翻盘叉端面与外支承座端面间隙。

⑤ 检查传动机构运行状况，及时检查、紧固地脚螺栓。

⑥ 检查润滑系统工作、密封状况，发现问题及时消除。

3. 常见故障与处理方法（见表 3-3）

表 3-3   盘式过滤机常见故障与处理方法

故障现象	故障原因	处理方法
过滤洗涤速度下降	加料量大,滤饼过厚 滤布发硬堵塞 真空度太低 滤盘滤板孔堵塞	调节加料量,控制滤饼厚度 更换滤布 检查、调节真空系统 清理滤盘滤板孔堵塞物
过滤洗涤速度下降，洗涤正常	液固比太大 错气盘滤液孔局部堵塞 气液分离器下部堵塞 滤液大气堵塞 橡胶管内壁鼓泡或堵塞	调整工艺指标 停机处理 停机清洗 停机清洗 更换或清洗橡胶管

续表

故障现象	故障原因	处理方法
过滤正常,但一洗速度下降	错气盘一洗孔局部堵塞 洗液温度低 橡胶管内壁鼓泡或堵塞 二洗液分离器堵塞	停机处理 提高二洗、三洗洗涤水温度 更换或清理橡胶管 停机清洗
滤洗液混浊含磷石膏多	滤布有洞 压框未压好滤布 压框变形压不紧 压框下面橡皮垫未放平或无垫	修补或更换滤布 将压框重新压住滤布 将压框整形,校正或更换 将橡皮垫放平、配齐
分配头抖动	补偿弹簧未调好 错气盘弹簧压得太紧	重新调整补偿弹簧与传动支架的相对位置 重新调整弹簧压力
分配头漏气	上分配头压力不够 衬胶脱开或裂开 管接头松动、脱落	调整弹簧压力 停机更换下错气盘,重新衬胶 重新安装并紧固
转盘窜动,跑边	转盘水平偏差较大 挡轮磨损 星轮滚销啮合不良,产生较大径向力 转盘同心度不够	找水平,调整托轮标高和水平度 更换挡轮 调整相对啮合位置 找同心度,调整转盘同心度
滤盘有晃动现象	滤盘轴承座、轴瓦磨损较大 翻盘导轨变形 转盘标高偏高或水平度不够	更换轴瓦 校正导轨符合要求 调整托轮水平度和标高
滤布冲洗不净	水压不够 洗涤管位置安装不当 冲洗水阀动作不灵 冲洗水喷嘴安装角度不正确	检查水压及水泵 调整洗涤管位置 检查冲洗水阀 调整喷射角度
真空度低	滤盘漏气主要是滤饼开裂、料浆流量过小,滤饼覆盖不完全,其次滤布未压好或有洞 真空泵水温高,水量少 系统漏气 真空泵效率下降	饼开裂必须调整工艺指标,滤饼覆盖不完全,可调整料浆加入量 调节真空泵水量,使水温低于40℃ 详细检查漏气原因,消除之 检修或开备机
石膏开裂	料浆中硫酸根含量高	调整硫酸浓度
运行阻力大	部分托轮轴承损坏 减速机部件损坏 滤盘上、下边间隙过小 有轻微碰盘 滤盘各支承点润滑不良	换轴承 检查更换 调整搭边间隙 调整滤盘后滚轮偏心距,予以消除 清除油污,加大供油量

4. 检修

（1）转盘　用精密水准仪测量，确定转盘正确标高。转盘在拼装时，允许在一块或数块框架的侧面加楔垫，以弥补加工误差。转盘上下表面内外导轨工作面必须相互保持平行，检查时，可将转盘置于水平基础上，用高度游标尺与精密水准仪测量。用专用量具测量滚销中心圆与转盘外导轨圆度、滚销中心圆与外导轨外侧同轴度。测量时，制作一回转杆，回转中心与转盘中心重合，杆的另一端同时装两只百分表，杆回转一周就可测出轨道、滚销的圆度、同轴度。

（2）分配头　安装下分配头，必须将起翻点刻度对准导轨起翻点，用方水平仪将下错气盘找平。

六、 试车与验收

1. 试车前的准备工作

① 检修单位要做到工完、料净、场地清，办理竣工交出手续，填写检修验收记录。

② 组织检修工作的单位根据批准的设备检修计划，核对检修项目完成情况，对未完项目要明确未完原因，规定完成日期。

③ 在设备静止状态下，对润滑、传动、真空密封等部位进行一次技术检查，以确保检修符合质量标准要求。

④ 检查与设备试车相关的真空泵、料浆泵、洗涤液泵、离心风机、气液分离器、料浆分配器、自动调节阀、排渣螺旋输送机及带式输送机等辅助设备的完好状况。

2. 空负荷试车

瞬时启动主电动机和各油泵电动机，检查旋转方向是否正确，严禁反转，电动机运转方向正确方能空载试车，空载运行时间应为 4～8h。试车检查项目及标准如下。

① 电动机温升不超过铭牌规定。

② 运转平稳，无振动、无噪声。

③ 托轮、挡轮、滚轮运转灵活，无阻碍。转盘回转一周所有轮子都应转动，每一瞬间托轮应有 60% 以上转动。

④ 星轮与滚销啮合良好，转盘无窜动现象。

⑤ 滤盘翻盘、复位时应无碰撞现象，无明显晃动现象。

⑥ 各部轴承温度不高于 65℃。

⑦ 无跑、冒、滴、漏现象。

3. 负载试车

① 投料运行后应取样检查滤液，通过一洗、二洗、三洗滤液的密度及浓度，检查是否产生窜液现象。

② 检查分配头、滤盘是否漏气。

③ 检查吹气卸料位置，要求在滤盘翻至垂直位置时吹气，卸料是否彻底。

④ 检查冲水位置及滤布干净程度。

⑤ 检查电磁冲洗水阀动作是否合乎要求。

4. 验收

(1) 大修竣工验收由设备部门组织，小、中修竣工验收由车间组织。

(2) 检查试车中的测试记录是符合检修质量标准和有关规程、规范。

(3) 提交下列竣工资料。

① 在检修中，项目变更和设计图纸修改的批准文件，修后的施工图。

② 主要材料的出厂合格证及试验资料。

③ 隐蔽工程记录、检修记录、试车记录。

同步练习

一、填空题

1. 压滤机适用于各种悬浮液的（   ）分离，适用范围广、分离效果好、结构简单、操作方便、安全可靠。

2. 压滤机主要由（   ）和液压站两部分组成。

3. 在压滤机使用过程中，（   ）起着关键的作用。

4. 目前所使用的滤布中最常见的是（　　）经纺织而成的滤布。

5. 根据其材质的不同，滤布可分为涤纶、（　　）、（　　）、（　　）等几种。

6. 压滤机根据是否需要洗涤滤饼又可分为可洗和不可洗两种形式。

7. 真空过滤机脱水的特点是借助滤布及滤布两侧压力差使（　　）与（　　）分离。

8. 真空过滤机结构由（　　）、（　　）、（　　）、（　　）、（　　）、（　　）、（　　）组成。

9. 真空过滤机开车顺序是（　　）、（　　）、（　　）、（　　）。

10. 滤开始时，滤浆在（　　）的压力作用下，经止推板的进料口进入各滤室内。

11. 滤浆借助进料泵产生的压力进行（　　）。

12. 由于过滤介质（滤布）的作用，使固体留在滤室内形成（　　），滤液由水嘴或出液阀排出。

13. 若滤饼需要洗涤，可由（　　）上的洗涤口通入洗涤水，对滤饼进行洗涤。

14. 若需要含水率较低的滤饼，可从洗涤口通入（　　），透过滤饼层，吹出滤饼中的一部分水分。

二、是非判断

1. 过滤开始时，进料阀应缓慢开启，起初滤液往往较为浑浊，然后转清，均属不正常现象。（　　）

2. 良好的保养能保证压滤机正常工作，并能延长使用寿命。（　　）

3. 液压油的作用是润滑、冷却。（　　）

4. 压滤机是一种使固、液两相构成的浆液在正压力差的作用下通过过滤介质而分离的过滤设备。（　　）

5. 影响压滤机工作效果的四个因素包括入料浓度、入料粒度、压滤时间、入料压力。（　　）

6. 滤板是压滤机的主要部件，它的作用是在压滤过程中进行泄水和储存滤饼。（　　）

7. 操作人员进入机内工作，必须系安全带，并设专人监护。（　　）

8. "三级"安全教育是指厂级、车间级和班组级。（　　）

9. 凡离地面1.2m（楼板）以上的情况下操作即为高空作业。（　　）

10. 压滤机在压紧后，通过进料泵开始工作，进料压力必须控制在标牌上的额定压力（用压力表显示）以下，否则将会影响压滤机的正常使用。（　　）

三、简答题

1. 圆盘过滤机开机前对设备做哪些种检查？

2. 圆盘过滤机正常操作规定应作哪些工作？

3. 压滤机滤布的选择原则是什么？

4. 简述压滤机主体的工作结构工作原理。

第四章

浮选分离机械的结构与维护

● 知识目标

掌握浮选分离设备的工作原理，掌握典型浮选设备的机构，掌握影响浮选效果的性能参数，了解浮选设备的发展方向。

● 能力目标

能对典型的浮选机械进行安装和调试；能正确使用浮选机维修常用拆装工具；能对浮选机常见故障进行检测和排除。

● 观察与思考

如图 4-1 所示，中国古代利用矿物表面的天然疏水性来净化朱砂、滑石等矿质药物，使矿物细粉飘浮于水面，而与下沉的脉石分开。淘洗砂金时，将羽毛蘸油粘捕亲油疏水的金、银细粒，称为鹅毛刮金，迄今仍有应用。明《天工开物》记载金银作坊回收废弃器皿和尘土中金、银粉末时"滴清油数点，伴落聚底"。就是利用表面性质的差异进行分选的方法。请思考：

① 图 4-1 中结构能达到什么样的分离效果？能应用于哪些工业领域？

② 浮选分离的效率和哪些因素有关？

③ 图中分离方式和其他分离方式相比，优势在于哪些方面？

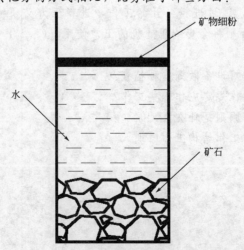

图 4-1　中国古代朱砂等矿物浮选净化示意图

第一节　概述

浮选机是实现浮选过程的重要设备。浮选时，矿浆与浮选药剂调和后，送入浮选机，在其中经搅拌和充气，使欲浮的目的矿物附着于气泡，形成矿化气泡，浮到矿浆表面，便形成矿化泡沫层。泡沫用刮板（或以自溢的方式）刮出，即得泡沫产品，而非泡沫产品自槽底排出。浮选技术经济指标的好坏，与所用浮选机的性能密切相关。

一、对浮选机的基本要求

根据浮选的工业实践经验、气泡矿化理论研究以及对浮选机流体动力学特性研究的结果，对浮选机提出如下基本要求。

1. 良好的充气作用

在泡沫浮选过程中，气泡是疏水性矿物的一种运载工具。为了增加矿粒与气泡接触碰撞的机会，造成有利于附着的条件，并能将疏水性矿粒及时运载到矿浆表面，在浮选机内必须具有足够大的气泡表面积，气泡亦应有适宜的浮升速度。为此，浮选机必须保证能向矿浆中吸入（或压入）足量的空气，并使这些空气在矿浆中充分地弥散，以便形成大量大小适中的气泡，同时这些弥散的气泡，又能均匀地在浮选槽内分布。

充气量越大，空气弥散越好，气泡分布越均匀，则矿粒与气泡接触碰撞的机会也越多，这种浮选机的工艺性能也就越好。

2. 搅拌作用

矿粒在浮选机内的悬浮效率，是影响矿粒向气泡附着的另一个重要方面。为使矿粒能与气泡充分接触，应该使全部矿粒都处于悬浮状态。搅拌作用除了造成矿粒悬浮外，并能使矿粒在浮选槽内均匀分布，从而创造矿粒和气泡充分接触和碰撞的良好条件。此外，搅拌作用还可以促进某些难溶性药剂的溶解和分散。

3. 能形成比较平稳的泡沫区

在矿浆表面应保证能够形成比较平稳的泡沫区，以使矿化气泡形成一定厚度的矿化泡沫层。在泡沫区中，矿化泡沫层既能滞留目的矿物，又能使一部分夹杂的脉石从泡沫中脱落。

4. 能连续工作及便于调节

工业生产上使用的浮选机，应能连续给矿和排矿，以适应矿浆流在整个浮选生产过程连续性的特点。为此，浮选机上应有相应的受矿、刮泡和排矿的机构。为了调节矿浆水平面，泡沫层厚度以及矿浆流动的速度，亦应有相应的调节机构。

在现代浮选机中，还有一些新的要求。例如，选矿厂的自动化，要求浮选机工作可靠，而且零部件使用寿命要长；浮选机的处理能力、充气性能、动力消耗、操作、运转、制造和维修等性能，以及选别技术经济指标等，都是评价浮选机性能好坏的技术经济标准。

二、浮选机的充气及搅拌原理

矿浆充气和气泡矿化是浮选的两个主要过程，也是评定浮选机工作效率的主要因素。浮选槽中矿浆的充气程度，取决于单位体积矿浆内空气的含量、气泡在矿浆中的分散程度及其在槽内分布的均匀度。气泡矿化的可能性，矿化速度及矿化程度，除与矿粒和药剂的物理化学性质有关外，也与浮选机中矿粒和气泡接触碰撞的条件相关。

1. 气泡的形成

吸入或由外部风机压入浮选机内的空气流，可以通过不同的方法使之分散成单个的气泡。

（1）利用机械作用将空气流粉碎形成气泡 此法应用得较为普遍。例如，在机械搅拌式浮选机和充气搅拌式浮选机内，气泡的形成就是采用这种方法。在这些浮选机内，通常都是用叶轮等机械搅拌器对矿浆进行激烈的搅拌，使矿浆产生强烈的漩涡运动。由于矿浆漩涡作用，或矿浆、气流垂直交叉运动的剪切作用，以及浮选机的导向叶片或定子的冲击作用，使吸入或压入的空气流被分割成细小的气泡。矿浆与空气的相对运动速度差越大，矿浆流越紊乱以及液-气界面张力越低，则气流被分割成单个气泡也越快，所形成的气泡也就越小。

气流往往是先被分割成较大的气泡。这种较大的气泡常常是不稳定的，因为在矿浆漩涡的作用下，漩涡会从气泡表面带走少量空气，而形成细小的气泡。

（2）空气流通过细小孔眼的多孔介质而形成气泡 在某些浮选机（如浮选柱）内，压入的空气通过带有细小孔眼的多孔陶瓷、微孔塑料、穿孔的橡皮和帆布等特制的充气器时，就会在矿浆中形成细小气泡，用这种方法使空气形成气泡的过程如图 4-2 所示。

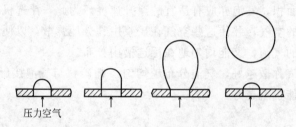

压力空气

图 4-2 空气通过细孔形成气泡示意图

利用这种方法形成气泡时，空气的压力必须适当。在充气器一定时，如果压力过小，因不能克服介质的阻力，这时空气不能透过；相反，如果压力过大，则又容易形成喷射气流而不成泡，同时还会造成矿液面不稳定。所需空气压力的大小，可视所选用的充气器而定。

此外，充气器上细孔的大小及其间隔也要适当，如果其间间隔太小，由相邻孔眼排出的气泡易于相遇而兼并。添加起泡剂由于能降低液-气界面张力，有利于气泡从细孔通过，并能防止细孔间气泡的兼并。

用多孔介质形成气泡，如浮选柱，在柱体内气泡的矿化，是由气泡向上升浮，矿粒向下运动的对流接触碰撞来实现的。

（3）从溶有气体的矿浆中析出气泡 在标准状态下，空气在水中的溶解度约为 2%，当降低压力或提高温度时，被溶解的气体，将以气泡的形式从溶液中析出。从溶液中析出的气泡具有两个特点：一是直径小，分散度高，所以在单位体积矿浆内，将有很大的气泡表面积；二是这种气泡能有选择性地优先在疏水矿物表面上析出，因而是一种"活性微泡"。近年来，人们比较重视利用这种活性微泡来强化浮选过程。

影响从溶液中析出微泡的因素主要有三类，一是开始时的矿浆空气饱和程度，二是后来矿浆的降压程度，三是是否存在有析出微泡的"核心"。下面分别讨论这三个因素在浮选条件下的情况。

① 矿浆在搅拌槽内调浆时，空气会在矿浆中溶解。浮选机内，由机械作用形成的大量微细气泡，也有一部分被溶解。在浮选机叶轮叶片前方的高压区，会加速气泡的溶解。为了从矿浆中析出更多的微泡，将矿浆加压促使空气大量溶解，是极重要的措施，这也是近年来

出现的一些喷射式和旋流式浮选机，采用压力矿浆的理论依据。

② 在浮选机内，矿浆压力的降低，主要有如下几方面的原因。

a. 矿浆的漩涡运动，在无数漩涡的中心，压力大为降低。

b. 在浮选机叶轮的叶片后侧，压力降低。

c. 叶轮甩出矿浆时，引起压力的波动。

d. 矿浆由浮选槽下部向上流动时，压力逐渐降低。

e. 在一些特殊结构的浮选机内，如真空浮选机，在矿浆表面抽气造成负压；又如一些喷射式浮选机，将压力矿浆喷入浮选槽内，从而使矿浆所受压力剧烈降低，于是大量析出微泡。

③ 气泡常在疏水矿粒表面、浮选机的槽壁以及其他零部件表面上优先析出。因为溶液中析出的微泡，是在溶液中形成一个新相，当有析出"核心"存在时，新相则易形成。所以，矿浆中疏水性表面越多，越有利于从矿浆中析出微泡。疏水矿物表面的微孔、裂纹和缺口等被气体分子充填，即存在有"气体幼芽"，它们便成了微泡析出的核心。

从溶液中析出微泡的原因及其程度，随浮选机的类型及其结构特性而不同。增加搅拌强度，由于可以促进空气在槽内高压地区的溶解，而在低压地区析出，因而有利于微泡的析出。增大气泡析出前后矿浆的压力差，是获得大量微泡的有效措施。此外，在所有情况下，当加入起泡剂时，气泡的析出可以大大得到改善。

④ 浮选机内形成气泡的一些其他方法。近年来研制的一些新型浮选机，其气泡的形成采用了一些特殊的方法。如喷射式浮选机和喷射旋流浮选机等的气泡产生方式就属此类。此外，还有利用水的电解产生大量微泡的所谓电解起泡法等。

有时在同一种浮选机内，可以同时采用两种以上的方式产生气泡。

2. 气泡的升浮

观测查明，气泡在矿浆中是曲折上升的，并且常呈不规则的形状。当有表面活性物质（如起泡剂）存在时，气泡的升浮速度会降低。

在浮选机内矿浆中，气泡群的平均升浮速度，可通过试验，然后按式（4-1）进行计算：

$$u_{平均} = \frac{H}{T} = H\frac{q}{Q_0 M} \tag{4-1}$$

式中　$u_{平均}$——气泡群在浮选机内的平均升浮速度，cm/s；

　　　H——矿浆的深度，cm；

　　　T——空气在矿浆中的停留时间，s；

　　　q——进入矿浆的空气量，L/s；

　　　Q_0——被充气矿浆的体积，L；

　　　M——矿浆中空气的含量（按体积计），%。

利用式（4-1）测得带有辐射叶轮的机械搅拌式浮选机中，在不同矿浆浓度条件下，气泡群的平均升浮速度等于3～4cm/s，其结果如表4-1所示。单个气泡在静止纯液体中的升浮速度是20～30cm/s，这是因为浮选机内矿粒的存在，矿浆运动的涡流特性等，都对气泡的升浮运动起阻碍作用。

由表4-1的数据可知，在一定浓度范围内，随着矿浆浓度的增大，气泡升浮的平均速度变慢。但如矿浆过分浓，气泡升浮的速度又略为加快，这是因为在很浓的矿浆中，空气不易弥散，呈大气泡升浮。

表 4-1　不同矿浆浓度条件下带有辐射叶轮的机械搅拌式浮选机中气泡群的平均升浮速度

矿浆浓度/(%固体)	气泡群的平均升浮速度/(cm/s)	矿浆浓度/(%固体)	气泡群的平均升浮速度/(cm/s)
0	4.05	35	2.88
15	3.39	50	3.70

矿化气泡的升浮，还受负载矿粒的影响，如果矿化气泡升浮力大于气泡所负载矿粒的重量，矿化气泡就可能升浮；当细小气泡高度矿化时，由于浮力等于或小于重力，因而气泡升浮变慢，甚至不能浮起，或随矿流再度被吸入到叶轮区，使矿化气泡遭到破坏。所以在矿浆中，当矿粒很粗，而气泡很细时，浮选过程常不能顺利进行。粗粒物料浮选时，由多个细小气泡与矿粒形成聚合体，其升浮速度则主要取决于聚合体在矿浆中的比重。

气泡在机械搅拌式浮选机内的运动，大体可分为三区，如图 4-3 所示。

第一区是充气搅拌区。此区的主要作用是：对矿浆空气混合物进行激烈搅拌，粉碎气流，使气泡弥散；避免矿粒沉淀；增加矿粒和气泡的接触机会等。在搅拌区气泡跟随叶轮甩出的矿浆流做紊乱运动，所以，气泡升浮运动的速度较慢。

第二区是分离区。在此区间内气泡随矿浆流一起上浮，并且矿粒向气泡附着，成为矿化气泡上浮。随着静水压力的减小，矿化气泡升浮速度也逐渐加大。

第三区是泡沫区。带有矿粒的矿化气泡

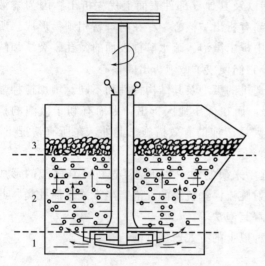

图 4-3　气泡在机械搅拌式浮选机内运动示意图
1—搅拌区；2—分离区；3—泡沫区

上升至此区形成泡沫层。在泡沫层中，由于大量气泡的聚集，气泡升浮速度减慢。泡沫层上层的气泡会不断自发兼并，具有"二次富集"作用。

三、浮选机的动力消耗

1. 浮选机的功率消耗

好的浮选机应该具有高效、低耗的特点。在评价现有浮选机或新设计浮选机时，动力消耗是一项重要的性能参数。离心叶轮式浮选机中的功率消耗，可用式（4-2）～式（4-4）表示：

$$N=N_1+N_2 \tag{4-2}$$

式中　N——浮选机叶轮消耗的总功率，kW；
　　　N_1——叶轮吸入矿浆及克服矿浆压头所消耗的功率，kW；
　　　N_2——叶轮克服矿浆阻力所消耗的功率，kW；

$$N_1=\frac{\gamma HQ}{102\eta_1\eta_2} \tag{4-3}$$

式中　γ——矿浆容量，kg/m³；
　　　Q——叶轮吸入的矿浆量，m³；

H——叶轮旋转时所产生的压头（其值等于槽体内矿浆的静压头），m；

η_1、η_2——叶轮的水力效率和机械效率。

$$N_2 = \frac{\psi v Z D^2 n H' S \gamma}{12240} \tag{4-4}$$

式中　ψ——叶轮叶片的正阻力系数；

Z——叶片数；

D——叶轮直径，m；

n——叶轮转数，r/min；

H'——矿浆压头，m；

γ——矿浆容量，kg/m³；

S——叶片高度，m。

其中 N_1 远远小于 N_2，而叶轮的功率主要消耗在克服矿浆阻力上。

从上述关系式可以看出，浮选机在充气搅拌过程中的动力消耗与叶轮直径、转数、叶片数目和叶片高度、槽深、吸入的矿浆量，矿浆容量等参数有关。这个关系式也可作为浮选槽设计选定结构参数时的参数。

2. 动力消耗和浮选结构参数的关系

（1）叶轮直径 D 和浮选槽宽度 L 间的关系　在大多数浮选机中，D/L 值一般介于 0.25 到 0.5 之间，如丹佛浮选机为 0.5，米哈诺布尔型为 0.3～0.4，而维姆科型的 D/L 值最小，为 0.25～0.35。由于 N_2 与 D 的二次方成正比所以在叶轮直径和槽宽比值之间不宜过大。

（2）叶轮直径与转数 n 的关系　在保持叶轮线速度 V 值不变的条件下，要减小 D，就必须增加 n。n 的增加又使 N_2 成正比性增加。但 D 的减小，N_2 亦减小，且按二次方减小。故提高叶轮转速所增加的功率，远比减小叶轮直径所降低的功率小。因此，在同一结构形式的机械搅拌器中在保持线速度不变的情况下，采用较小的叶轮直径和稍高一些的转速，是降低动力消耗的有效途径之一。

（3）叶轮直径和叶片高度的关系　叶片高度 S 和直径 D 的比例，一般为 0.1～1.0。因 N_2 与 S 成正比，所以在 D 值一定时，确定 S/D 之比，一般趋于选小值。如丹佛型浮先机 S/D 取 0.15，棒型轮的浮选机比值相对大些，为 0.5 以上，维姆科型因 D/L 比值最小，但其 S/D 比值较大，为 1 左右。

（4）槽深　槽深变化直接影响矿浆容量，成正比关系。所以，N_2 也正比于槽深，降低槽升，降低槽深即可降低充气搅拌是的功率消耗。浅槽对降低功率消耗是有利的，新设计的浮选机一般都比老式的浅。在浮选机大型化时，如阿基太尔型浮选机等都没有特别加大槽深，正是由于这种原因。

四、浮选机的分类

浮选机的种类较多，按充气和搅拌的方式不同，目前生产中使用的浮选机，可分为如下几种基本类型：

1. 机械搅拌式浮选机

这类浮选机的共同点是，矿浆的充气和搅拌都是靠机械搅拌机（转子和定子组，即所谓充气搅拌结构）来实现的，故称为机械搅拌式浮选机。由于机械搅拌机结构不同，如离心式叶轮、棒型、笼形转子、星形轮等，故这类浮选机的型号也比较多。

机械搅拌试浮选机属于外气自吸式的浮选机。生产中应用的是上部气体吸入式，即在浮选槽下部的机械搅拌机附近吸入空气，如国内目前生产中使用的 XJK 型浮选机、棒型浮选机等即属此类。

2. 充气搅拌式浮选机

这类浮选机，除装有机械搅拌器外，还从外部特设的风机强制吸入空气，故称为充气机械搅拌式浮选机，或称为压气机械搅拌混合式浮选机，一般称为充气搅拌式浮选机。如国内的 CHF-X14m³ 浮选机，8m³ 充气机械搅拌式浮选机等即属此类。这类浮选机具有以下特点：

（1）充气量易于单独调节　浮选时可以根据工艺需要，单独调节空气量，因而有可能增大充气量，从而增大浮选机的生产能力。

（2）机械搅拌器磨损小　在这类浮选机内，叶轮不能起泵的作用（不吸气），所以叶轮转速低，磨损较小，故使用周期较长，设备的维修管理费也低。

（3）选别指标较好　由于叶轮转速较低，机械搅拌器的搅拌作用不甚强烈，对脆性矿物的浮选不易产生泥化现象；同时，充器量又可按工艺需要保持恒定，因而矿浆液面比较平稳，易形成稳定的泡沫层。这样便有利于提高选别指标。

（4）功率消耗低　因叶轮转速低，空气低压吸入，矿浆靠重力自流，生产能力大，槽子深度小等原因，故其单位处理矿量的电力消耗低。由于上述特点，充气搅拌式浮选机在生产实践中已获得良好的技术经济效果。例如，与"A"型（即米哈诺布尔型浮选机）浮选机相比浮选速度平均提高 40％左右，单位生产能力提高 0.5～1 倍，单位电能消耗降低 30％～35％，设备维护费用也相应降低。

这类浮选机的不足之处是流程中，中间产品的返回需要沙泵扬送，给生产管理带来一定麻烦，此外还要有专门的送风设备。

3. 充气式浮选机

这类浮选机在结构上的特点是，没有搅拌器，也没有转动部件，其矿浆的充气是靠外部的压风机输入压缩空气来实现的，故称之为充气式浮选机或称为压气式浮选机，如国内浮选厂使用的浮选柱即属此类。

4. 气体析出式浮选机

这是一类能从溶液中析出大量微泡为特征的浮选机，称之为气体析出式浮选机，亦可称之为变压式或降压式浮选机。属于这类浮选机的有真空浮选机和一些喷射、旋流式浮选机。例如，我国的 XPM 型喷射旋流式浮选机，国外的达夫克勒喷射式浮选机及维达格旋流浮选机等。

第二节　机械搅拌式浮选机

在国内外的浮选生产实践中，机械搅拌式浮选机的使用最为广泛，近年来还有不少的改进。机械搅拌器是这类浮选机的关键部件，它直接影响到浮选机中矿浆的充气和搅拌程度，直接关系到浮选的效果。所以，对机械搅拌装置的研究和改进一直为人们所重视，特别是近些年来，研制出了不少具有特色的机械搅拌器。不同结构机械搅拌器的浮选机，在充气和搅拌程度上，往往显示出很大的差别，浮选机的工作效率亦很不相同。

在我国的浮选厂中，使用的机械搅拌式浮选机有 XJK 型浮选机、米哈诺布尔型浮选机

（称 A 型）、棒型浮选机、法连瓦尔德型浮选机等几种，但使用最为广泛的是国产 XJK 型浮选机（与米哈诺布尔型类同）。在国外，近年来也出现了不少具有独特结构的机械搅拌式浮选机，如带有"1+1"充气结构的维姆科型浮选机，带有斜棒轮的瓦曼浮选机（与我国棒型浮选机类同），带有两个叶轮的布斯浮选机（主轴上安装上下两个叶轮，上轮主要用于充气，下轮主要用于搅拌矿浆）以及带有斜圆盘双面叶轮的洪堡特浮选机等。

一、典型机械搅式浮选机

1. XJM 型浮选机

（1）结构 XJM-4 型浮选机是我国 20 世纪 70 年代初自行研制、在我国使用最广泛的浮选机之一，其规格见表 4-2。该机有浮选槽、中矿箱、搅拌机构、刮泡机构和放矿机构几部分组成。每台浮选机有 4～6 个槽体，单槽容积 4m³ 两槽体之间由中矿箱连接，最后一槽有尾矿箱。中矿箱、尾矿箱均有调整矿浆液面的闸板机构。每个槽内有个搅拌机构和放矿机构，两侧各有刮泡机构。槽体与前室中矿箱通过下边的 U 形管连通。

表 4-2 XJM-4 型浮选机规格

单室有效容积/m³	4	搅拌装置功率/kW	11
处理能力/[t·(m³·h)⁻¹]	约 1.0	刮泡器转速/(r·min⁻¹)	23
槽深/mm	1100	刮泡器电动机功率/kW	1.1
叶轮直径/mm	500	外形尺寸(长×宽×高)/(mm×mm×mm)	约 12700×3000×2500
叶轮转速/(r·min⁻¹)	390	机器总重/kg	约 15500

充气搅拌机构由固定部分和转动部分组成，结构见图 4-4 所示，用四个螺栓将其固定在浮选槽的角钢上。固定部分由伞形定子 1、套筒 2 和轴承座 3 等组成。套筒上装有对称的两根进气管 4，管端设有进气量调整盖 5。轴承座和套筒之间设有调节叶轮和定子间轴向间隙的调节垫片 6。转动部分由伞形叶轮 7、空心轴 8 和带轮 9 组成。空心轴上端有可更换的、带有不同直径中心孔的调节端盖，用以调节叶轮-定子组的真空度，从而调节空心轴的进气量，并调整浮选机的吸浆量和动力消耗。

该机的特点是采用了三层伞形叶轮。第一层（上部）有 6 块直叶片，与定子配合吸入循环矿浆和套筒中的空气；第二层伞形隔板与第一层之间构成吸气室，由中空轴吸入空气；第三层是中心有开口的伞形板，与第二层隔板之间形成吸浆室，前室矿浆通过中矿箱和 U 形管由此吸入。定子也呈伞形，在叶轮上方，由圆柱面和圆锥面两部分组成，其上分别开有 6 个和 16 个矿浆循环孔，定子锥面下端有 16 块与径向呈 60°夹角的定子导向片，倾斜方向与叶轮旋转方向一致。定子可以稳定矿浆液面，定子上的导向片与叶轮甩出的矿浆气流一致，可减少叶轮周围矿浆的旋转和涡流，提高矿浆、空气的混合程度，并使叶轮吸气能力提高。定子盖板可使叶轮在停机时不被淤塞。定子循环孔可改善矿浆循环，使没黏附气泡的颗粒再次进入叶轮，强化分选。

（2）工作过程 XJM-4 型浮选机工作时，叶轮转动甩出矿浆，形成负压，来自套筒的空气和循环孔吸入的循环矿浆被吸到叶轮上部直叶片所作用的空间进行混合，入料矿浆从叶轮底部中心吸入管吸到吸浆室。在离心力作用下，上述各股浆气物料分别沿各自锥面向外甩出。自空心轴吸入的空气与吸浆室吸入的矿浆先在叶轮内混合后再甩出，甩出的所有的浆气

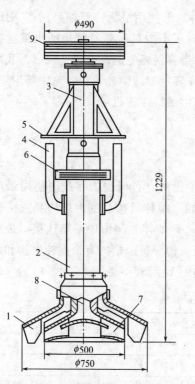

图 4-4 XJM-4 型浮选机搅拌机构的示意图
1—伞形定子；2—套筒；3—轴承座；4—进气管；
5—进气量调整盖；6—调节垫片；7—伞形叶轮；
8—空心轴；9—带轮

混合物在叶轮出口处相遇，激烈混合，并通过定子导向叶片和槽底导向板冲向四周斜下方，然后在槽底折向上，形成 W 形矿浆流动型式。运动过程中气泡不断矿化，稳定升到液面，形成泡沫层。

（3）特点 XJM-4 型浮选机属浅槽型，槽体的深宽比为 0.61，由于是浅槽，叶轮所受静水压力小，叶轮甩出矿浆的出口速度增大，提高了浮选机的吸气能力和生产能力，并可降低电耗。大量研究证实：随槽深减小，浮选机的充气量按近似二次方函数关系增加，而功率消耗按一次方函数关系降低。该机的液面高度调节是通过伞齿轮调节每个浮选槽与中矿箱之间的闸板高度来实现的，而每个浮选槽底的瓶塞式放矿机构可通过手轮和丝杆方便地开启。

因采用了小直径、高转速的三层伞形斜叶轮和浅槽型机构，浮选机能同时互不干扰地吸气、吸浆、循环矿浆，形成 W 形矿浆流，且液面稳定、充气量大、易于调节、电耗低 [3kW/(t·h)]、处理量大 [0.6～1.2t/(m³·h)]，且气泡分布均匀、充气均匀度高（90% 左右）、浮选快、流程灵活。这些均由其本身的结构特点所致。对入料浓度较高、可浮性不太差的煤泥，该机可充分发挥充气量大、浮选速度快、处理量大的特点，但对可浮性差的煤泥，尤其是细粒高灰物料多时，该机选择性较差，此外，该机对粗粒浮选效果也欠佳，在尾煤中损失较多。

2. XJK 型浮选机

国产 XJK 型浮选机，又名矿用机械搅拌式浮选机。它属于一种带辐射叶轮的空气自吸式机械搅拌浮选机。

（1）结构 图 4-5 是 XJK 型浮选机的结构示意图。这种浮选机由两个槽子构成一个机组，第一槽（带有进浆管）为抽吸槽或称吸入槽，第二槽（没有进浆管）为自流槽或称直流槽。在机组与机组之间设有中间室。叶轮安装在主轴的下端，主轴上端有带轮，通过电机带动旋转。空气由进气管吸入。每一组槽子的矿浆水平面用闸门进行调节。叶轮上方装有盖板和空气筒（或称竖管），此空气筒上开有孔，用以安装进浆管、中矿返回管或作矿浆循环之用，其孔的大小，可通过拉杆进行调节。

叶轮是用生铁铸成的圆盘，上面有六个辐射状叶片，其结构如图 4-6 所示。在叶轮上方 5～6mm 处，装有盖板，其结构如图 4-7 所示。盖板的作用如下：

① 当矿浆被叶轮甩出时，在盖板下形成负压吸气；

② 调节进入叶轮的矿浆量；

③ 停车时，可以防止矿砂在叶轮上"压死"叶轮，从而可以随时开车；

④ 起一定程度的稳流作用。

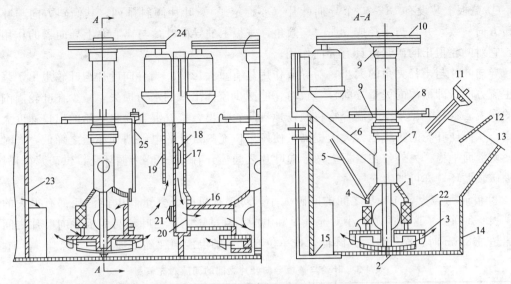

图 4-5　XJK 型浮选机的结构示意图

1—主轴；2—叶轮；3—盖板；4—连接管；5—砂孔闸门丝杆；6—进气管；7—空气管；8—座板；

9—轴承；10—带轮；11—溢流闸门手轮及丝杆；12—刮板；13—泡沫溢流唇；14—槽体；

15—放砂闸门；16—给矿管（吸浆管）；17—溢流堰；18—溢流闸门；19—闸门壳（中间室外壁）；

20—砂孔；21—砂孔闸门；22—中矿返回孔；23—直流槽前溢流堰；

24—电动机及带轮；25—循环孔调节杆

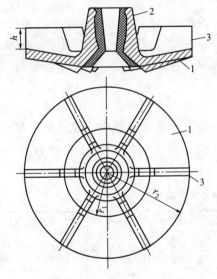

图 4-6　XJK 型浮选机的叶轮

1—叶轮锥形底盘；2—轮壳；3—辐射叶片；

r_1，r_2—矿浆出口半径；h—叶片外端高

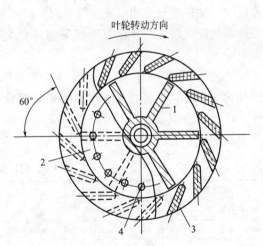

图 4-7　XJK 型浮选机叶轮盖板

1—叶轮叶片；2—盖板；3—导向叶片

（定子叶片）；4—循环孔

　　（2）工作过程　浮选机工作时，矿浆由进浆管给到盖板的中心处，叶轮旋转产生的离心力将矿浆甩出，在叶轮与盖板间形成一定的负压，外界的空气便自动地经由进气管而被吸入。在叶轮的强烈搅拌作用下，矿浆与空气得到充分的混合，同时气流被分割成细小的气泡。此外，在叶轮叶片的后方也会从矿浆中析出一些气泡。

　　（3）特点　该机的工作特点与部件的结构密切相关，主要关系如下：

① 盖板上装设有 18~20 个导向叶片（亦称定子）。叶片倾斜排列，其倾斜方向与叶轮旋转方向一致，并且与半径成 55°~65°倾角。盖板上的导向叶片与离心泵上导向器的作用相似，它对叶轮甩出的矿浆流具有导向作用。

导向叶片与半径夹角的大小，对导流作用具有重大影响。当导向叶片与叶轮甩出矿浆流的主流方向（即流体的矢量方向）一致时，能减少流体出口的水力损失，减少在叶轮周围形成的涡流。这样，矿浆空气混合物将顺畅地自叶轮甩出，浆气混合物自叶轮的出口速度大为增高，从而使叶轮的吸气能力大大提高，使按单位充气量计的电能消耗亦随之降低，同时还可使矿液面平稳。另外，在盖板上两导向叶片之间还开有 18~20 个循环孔，供矿浆循环用。这种矿浆循环，亦可增大充气量。

② 叶轮与盖板导向叶片之间的间隙大小，对浮选机的吸气量和电能消耗都有很大的影响。表 4-3 列出了这种间隙大小对充气量和电能消耗的影响。当叶轮与盖板导向叶片之间的间隙超过 8mm 时，充气量大大降低，按单位充气量的电能消耗随之加大。

表 4-3　叶轮与盖板导向叶片之间的间隙对充气量

间隙大小/mm	充气量/m³/min	所需电动机功率/kW	单位充气量的电能消耗/(kW/m³)
8	0.95	3.20	3.37
12	0.70	2.60	3.71
16	0.70	2.90	4.14
22	0.45	2.50	5.55
盖板上无导向叶片	0.42	2.41	5.74

叶轮与盖板导向叶片间的间隙，一般要求在 5~8mm 之间。为此，在结构上将叶轮、盖板、主轴、进气管和空气筒等充气搅拌零件组装成一个整体部件。整体部件可使叶轮和盖板同心装配，以保证叶轮与盖板导向叶片之间的间隙符合设计要求，同时检修更换也比较方便。

③ 在空气筒下部，有一个调节矿浆循环量的循环孔，并用闸板控制循环量。因此，通过叶轮中心的矿浆量，可随外界给矿量的变化进行调节。在直流槽中，亦可使内部矿浆循环，以满足造成最大充气量时所需要的叶轮中心给矿量。XJK 型浮选机的技术规格列于表 4-4。

表 4-4　XJK 型浮选机技术规格

参数名称	单位	XJK-0.13	XJK-0.23	XJK-0.35	XJK-0.62	XJK-1.1	XJK-2.8	XJK-5.8
槽体长度	mm	500	600	700	900	1000	1750	2200
槽体宽度	mm	500	600	700	900	1100	1600	2200
槽体高度	mm	550	650	700	850	1000	1100	1200
槽体有效容积	m³	0.13	0.23	0.35	0.62	1.1	2.8	5.8
生产能力（按矿浆计）	m³/min	0.05~0.16	0.05~0.16	0.05~0.16	0.05~0.16	0.05~0.16	0.05~0.16	0.05~0.16
叶轮直径	mm	200	250	300	350	500	600	750
叶轮转速	r/min	593	504	483	400	330	280	240
叶轮周速	r/min	6.3	6.5	7.6	7.3	8.6	8.8	9.4
主轴电动机功率	kW	两槽一台 1.5	两槽一台 3.0	1.5	3.0	5.5	10	22
刮板传动电动机功率	kW	0.6	0.6	0.6	1.1	1.1	1.1	1.5
刮板转速	r/min	17.5	17.5	20	16	16	16	17

3. 棒型浮选机

（1）结构 这种浮选机的搅拌充气器，是由若干根倾斜圆棒所组成，故称为棒型浮选机。其结构示意图如图 4-8 所示，棒型浮选机的槽子，在结构上分为直流槽和抽吸槽两种。在直流槽内安装有中空轴（主轴）、棒型轮，凸台和弧形稳流器等主要部件。直流槽不能从底部抽吸矿浆，只起浮选作用，所以又名浮选槽。吸入槽与直流槽的主要区别，是在棒型轮的下部装有一个吸浆轮，吸浆轮具有离心泵的作用，能从底部吸入矿浆。在粗选、粒选和扫选等各作业的浆点，均需要装吸入槽，以保证流程的自流连接。

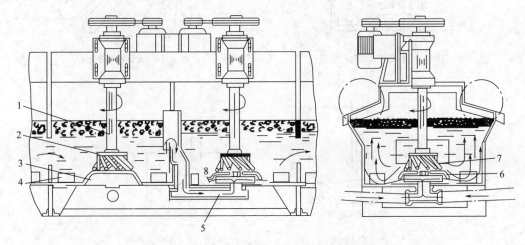

图 4-8 XJB-10 棒型浮选机结构
1—主轴；2—斜棒轮；3—凸台；4—稳流器；5—导浆管；6—盖板；7—吸浆轮；8—底盘

（2）工作过程 浮选槽（直流槽）工作时，借助于中空轴下方的斜棒轮的旋转，使矿浆沿一定锥角强烈地向槽底四周冲射，因而在斜棒轮的下部形成负压，外界空气即经由中空轴而被吸入。在斜棒轮的作用下，矿浆与空气得到了充分的混合，同时，气流被分割弥散成细小的气泡。

凸台起导向作用，使浆气混合物连续不断地迅速冲向槽底，在撞击槽底时消耗了部分能量，再经弧形稳流板的稳流作用，使浆气混合物向槽体边沿运动，并在槽内均匀分布，同时使旋转的混合流，变成趋于径向放射状运动的混合流。经稳流的矿浆，分别在槽底各部位折向液面徐徐上升。这样，便导致浆气混合物在槽内呈现一种特殊的 W 形运动轨迹。其流动示意图如图 4-9 所示，矿化气泡升浮至泡沫区，刮出即得泡沫产品。吸入槽除具有上述作用外，尚有吸浆作用。

（3）特点 棒形浮选机最突出的特点，是用扩散型的斜棒轮作为搅拌器，并配以凸台作为导向装置以及独特的弧形稳流板等充气搅拌器组。

① 斜棒轮。其结构外形如图 4-10 所示，它是由铸铁圆盘和 12 根均匀分布的圆锥型棒条所构成的（由铸铁铸成的斜棒轮容易磨损，为了增加耐磨性，可以衬胶），每根棒条均与棒轮旋转相反的方向后倾 45°角，同时自上而下又向外扩张成 15°的锥角。由于棒型轮具有扩散状（伞状）的结构特点，所以当它旋转时，斜棒上每点的线速度越往下越大，这样便可造成很强的搅拌作用，同时形成倾斜向下的浆气混合流冲射向槽底的四周，因此，能较好地克服密度较大、粒度较粗的矿物在槽内出现的"沉槽"现象。这种形式的搅拌器，由于能防止槽底沉砂，死角很小，槽子容积等得到了有效的利用。图 4-11 是法连瓦尔德型浮选机与棒

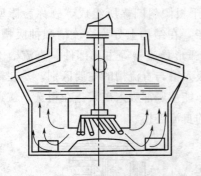

图 4-9 棒型浮选机内矿流示意图

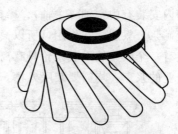

图 4-10 斜棒轮外形图

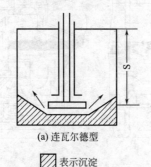

(a) 连瓦尔德型　　　　　(b) 棒型

▨ 表示沉淀　　　　　S 表示矿浆面至叶轮的中心距离

图 4-11 法连瓦尔德型浮选机与棒型浮选机容积利用率法

型浮选机容积利用率的对比。如果法连瓦尔德型的容积利用率为 100%。则棒型浮选机的单位生产能力比法连瓦尔德型要大得多。

由于在棒型浮选机内，浆气混合物呈 W 形轨迹运动，使槽内的搅拌区位于棒型轮下部，同时也由于倾斜向下扩散的浆气混流，撞击槽底后消耗了部分能量，从而使浮选槽内具有比较平稳的矿液面。由于浆气混合物是呈 W 形轨迹运动。因此棒轮在槽中的安装深度减小，也有利于提高浮选机的充气量和减少动力消耗，有利于提高浮选机的技术性能。

② 凸台及弧型稳流板。其结构如图 4-12 所示，棒型轮下面配置的凸台起导向作用，可以防止矿浆在棒型轮下方形成涡流，有利于浆气混合物沿着凸台的背面呈 W 形轨迹畅通地分散出去，增大了浆气混合物从棒轮的出口速度，从而增大棒轮区的负压，提高浮选机的吸气能力，增大充气量。

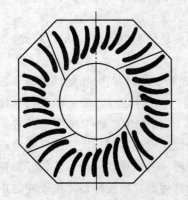

图 4-12 凸台及弧形稳流板

弧形稳流板是由曲率半径各不相同的若干片弧形板构成的，每个槽内的稳流板分成四组拼装而成，组装、检修和搬运都比较方便。这种稳流板，对于由斜棒轮旋转时甩出来的强烈打旋的矿浆空气混合流具有良好的整流作用，故能使旋转运动流变成径向流。稳流板的曲率半径过大和过小都不适宜，过大时，矿浆仍将顺着棒轮旋转；过小时，矿浆则逆着棒轮方向旋转。最适宜的曲率半径范围，应通过流体动力学特性的研究并通过实验加以确定。实践证明棒型浮选机如图 4-12 所示的使用稳流板后，浮选槽虽然很浅，但浮选机工作时，矿液面却很平稳。

③ 槽深小　槽子浅。如 $1m^3$ 棒型浮选机（即有效容积为 $1m^3$）槽子高度为 680mm，而与其容积相当的 XJK-1.1 型（即容积为 $1.1m^3$）浮选机，槽子高度为 1000mm。棒型浮选机的槽深仅为 X3K 型槽深的 2/3。这是由棒轮工作的特点所决定的。棒型浮选机的槽深仅为 XJK 型槽深的 2/3。这是由棒轮工作的特点所决定的。如上所述，扩散状的叶轮，可在槽内造成 W 形的矿浆运动方式。这样，不仅可以获得较平稳的矿液面，而且可以保证气泡有的矿化路程，容易实现浅槽作业。

浅槽的优点较多，如棒轮所受的矿浆静压力较小，棒轮旋转时，浆气混合物被甩出口速度较大，因此，浮选机的吸气能力随之提高，电能消耗降低。

④ 吸浆轮（又名提升轮）。用它来吸入矿浆，这是国产棒型浮选机与国外类同的瓦曼型浮选机的主要差别之处。为使矿浆能自流返回，在浮选槽机组中配有吸入槽。在吸入槽内，棒轮的下部安装有吸浆轮。吸浆轮是由高为 50mm 的四片弧形叶片与上下两个圆盘所构成的，并且通过短轴与主轴连接。

生产实践表明，棒型浮选适用于浓度较大的矿浆和比重较大、粒度较粗矿物的浮选。$1m^3$ 棒型浮选机的技术性能如表 4-5 所示。

表 4-5　$1m^3$ 棒型浮选机技术性能

参数名称		单位	数　值	
			直流槽（浮选槽）	吸入槽
槽体尺寸,长×宽×深		mm	1300×1300×680	1300×1300×680
槽体有效容积		m^3	1.0	1.0
槽体几何容积		m^3	1.13	1.13
生产能力	矿浆流量	m^3/min	1.5～1.7	1.5～1.7
	干矿量	t/日	400～600	400～600
主轴电动机功率		kW	4	5.5
主轴转数		r/min	410	440
棒轮直径		mm	410	410
吸浆轮直径		mm	—	400
棒轮周速		m/s	8.8	9.45
棒轮与凸台间隙		mm	25～30	25～30
吸浆轮与底盘间隙		mm	—	6～8
吸浆轮周速		m/s	—	9.20
刮板转速		r/min	18	22

二、机械搅拌式浮选机的安装调试与维护

1. 安装

（1）安装槽体

① 安装顺序。先安装头部槽体，再安装中间槽体，最后安装尾部槽体。

② 槽体安装前要用水平测绘仪测出基础座的水平偏差，槽体装到基础上以后，使各个槽体的两边溢流堰成同一水平，用水平尺在不同槽体间找正，并用不同厚度的垫板使整机在长度方向和宽度方向上水平一致，在长度方向上总偏差不应超出 3～5mm，入料口、槽体与

槽体、槽体与中矿箱连接部均不得有渗漏现象，然后紧固机体各部螺栓。

(2) 安装搅拌机构

① 空心轴与叶轮应安装牢靠，叶轮水平面应保证与空心轴垂直，且不能上下窜动。

② 叶轮应与假底（JJF，SF 型类浮选机在槽底上方有一假底，可造成矿浆的循环流动，使气泡得以充分弥散）中心孔对中，其偏差不大于 3mm。

③ 定子导向叶片与假底上的稳流板对齐，不得错开。

④ 叶轮与定子之间的径向、轴向间隙应保证在 7～9mm 之间，在安装中可从叶轮外径上任取等距离的三点测量其间隙，轴向间隙由调整垫来调节。

⑤ 传动三角带的安装松紧应适度，装三角带之前，先将电动机和搅拌轴上的大小带轮安装合适，找平后再将三角带放入带轮槽中，调节中心距，张紧三角带。转动电动机继续调整三角带，使在带负荷驱动时松边稍呈弓形。

⑥ 安装三角带轮安全罩，安全罩支腿插入管座应稳固。

⑦ 检查电动机转动方向，叶轮为顺时针方向转动，搅拌机构应转动灵活，无卡阻现象。

(3) 安装刮板机构

① 安装刮板轴、刮板架、刮板橡皮，并使刮板轴转动，刮板橡胶板与溢流口之间的间隙一致，不大于 5mm，后一槽刮板与前一槽刮板依次错开 30°。

② 刮板轴的中心都在同一直线上，相邻两轴的同轴度偏差不大于 0.8mm。

(4) 搅拌式浮选机液面控制机构

固定液面调整机构，使该机构在手动或自动的操作状态升降灵活，并在设计要求的升降范围内。

(5) 闸板机构的安装，应保证闸板灵活升降，而且无渗漏。

(6) 放矿机构的安装，应保证手轮转动灵活。

(7) 浮选机安装后应根据设计要求向各润滑点注入各种润滑脂，并清理安装过程中掉入槽体中的螺栓、棉布等异物。

(8) 将水灌满到溢流口，在不开动搅拌机构的情况下，检查槽体安装水平及有无渗漏现象。

(9) 检查正常后，启动电动机，空负荷运行 8h，检查电动机电流情况及各部位发热情况，如无异常，可加料运行。

2. 运转前需要检查的项目

① 要防止杂物进入浮选机槽内，以免卡住叶轮、堵塞假底循环孔与通道、影响矿浆循环，必要时，应打开放矿闸门冲洗消除槽内杂物。

② 检查放矿阀，保持开关灵活。生产中根据选别要求，调整排矿，保持所需矿浆液面高度。

③ 所有浮选机及刮板传动的三角带必须固定平稳整齐，松紧一致。

④ 箱体衬胶必须平稳整齐，假底和稳流板、挡板必须齐全，设置平稳。

⑤ 检查空气管路是否畅通，若不畅通应立即进行疏通。

⑥ 检查液位自动控制系统是否灵活可靠。

⑦ 检查搅拌桶各注油器内是否注满了润滑脂，并向轴承注适量油脂。

⑧ 用手盘动搅拌桶带轮装置，观察竖轴转动是否灵活，叶轮是否有碰撞、摩擦导流装置现象。

3. 启车顺序

（1）空槽启动 首先给矿，启动搅拌桶，启动和给矿箱相连的吸浆浮选机，待矿浆完全淹没盖板后启动相邻的直流槽浮选机。

（2）停机后满槽启动 满槽启动时，按照矿浆流动方向，待下工段工序设备开动后，才能开搅拌桶，先开车，然后打开给矿管使矿浆流入槽内，直到溢流为止，但不允许矿浆由搅拌桶上沿外溢，再投入规定的药剂，开始正常的搅拌作业。从最后一槽逐次向第一槽启动。

启动顺序：①确认吸气管调气盖打开；②启动浮选机电动机；③启动搅拌桶；④始给矿；⑤按工艺流程起车 开启粗选，精浮选机，开启浮选分矿箱矿浆。

4. 停车顺序

（1）浮选机排空矿浆时停机顺序

① 停止给矿。

② 给矿完全停止后，打开中尾箱闸门。

③ 停止搅拌桶

④ 浮选机正常运转。

⑤ 可以看到盖板时，关闭浮选机电动机。

⑥ 打开放矿阀排走槽内剩余矿浆。

（2）保持满槽矿浆停机

① 停止给矿。

② 给矿停止后，按矿浆流动方向，停止搅拌桶，从第一槽逐次向后停浮选机。

三、机械搅拌式浮选机的日常维护与常见故障排除

1. 搅拌式浮选机操作要点及日常保养维护

（1）在设备运行中，巡回检查搅拌机构的轴承、刮板轴承的温升，不应超过 25℃，电机轴承的温升不应超过允许值。

（2）转子机体内有异响时，应检查定子与转子之间的间隙、主轴轴承、传动胶带、转子固定部件，对异常问题进行处理和更换。

（3）定子导向叶片和假底稳流板在高速矿浆的冲刷下极易磨损，要经常检查并及时更换。

（4）槽体内各紧固螺栓在高速矿浆的冲击下，易松动脱落，可能导致定子下沉，要每班检查并及时更换。

（5）刮泡机构刮泡率下降时，检查耐油橡胶板是否损坏，并及时调整更换。

（6）刮泡机构出现振动或摆动时，检查传动轴是否有裂纹以及各联轴节是否脱开。

（7）叶轮检查，当叶轮磨损直径超过 10％、有洞眼或裂纹时，要及时更换。

（8）润滑

① 搅拌机构和刮泡机构减速机每 3 个月换油一次。

② 搅拌机构主轴轴承每月注油一次。

③ 刮泡机构的含油轴承应每天加油一次。

（9）给料量、入料浓度应保持稳定，加药制度应合理，空心轴及套筒进气量应调整合适，浮选槽液位应进行调整，刮板不得刮水。

（10）停车前先停止给料。停车时间过长时，应打开放矿阀将煤浆放空，避免槽底煤泥

沉积而堵塞管道。

（11）经常检查液位自动控制装置动作是否可靠，液位给定值是否适宜。

2. 常见故障与排除（见表 4-6）

表 4-6　机械搅拌式浮选机常见故障及处理措施

常见故障	排除方法
压盖过紧或缺少润滑油	适当调整压盖。 补充润滑油。
床层发紧	叶轮严重磨损。更换新叶轮。 叶轮与定子轴向径向间隙过大。适当调整。 充气量太小。适当调大
生产能力下降，吸矿能力减少	检查进气孔是否堵塞，液位调整机构是否有故障。 检查叶轮吸浆口与箱体吸浆法兰是否中心对正，应保证两者同心和周边等距离，中间间隙不应大于 6mm。 检查给矿管道是否堵塞或有关管道是否脱落。 检查空心轴进气孔面积是否过大，并及时调整。 检查传动胶带是否打滑，使叶轮搅拌机构轴承温升过高。 转数不够，调整、更换传动三角带
液面不稳，出现翻花	检查槽体底部导向板，看定子上的导向板与假底导向板是否准确配置，当发现错位时，特别是假底导向叶轮超前时，应及时调整，使二者准确对正。 检查主轴支撑装置是否松动，使叶轮底面与槽体底面平行

第三节　气体析出式浮选机的运行与维护

无机械搅拌器的浮选机虽然很早就有，并且差不多是与机械搅拌式浮选机同一时期出现的，但过去对它的研究和进一步改进的工作却做得很少。近年来，随着浮选工业的发展，对浮选机的效率提出了更高的要求，国内外又开始了对无搅拌器浮选机的研制工作，并取得一定成果。

目前国内外已出现了一些性能较好的无机械搅拌器的浮选机，如我国的喷射旋流式浮选机等。无机械搅拌器的浮选机多数用于选别煤和非金属矿，其中澳大利亚生产的达夫克拉喷射式浮选机和德国维达格旋流浮选机，用于金属矿的浮选，获得了令人满意的结果。例如，铅锌矿浮选时，一台达夫克拉浮选机的生产能力，相当于五台同体积的普通机械搅拌式浮选机；又如锌矿浮选时，维达格旋流浮选机与法连瓦尔德型浮选机对比，处理量相同，精矿品位相近时，维达格旋流浮选机回收率高 15.88%，电能消耗低 32.19%，且浮选速度快。可见，无机械搅拌器的浮选机比一般的机械搅拌式浮选机有着显著的优越性。研究新型高效率无机械搅拌器浮选机，是现代浮选机发展的一个重要方面。

气体析出式浮选机属无机械搅拌器类浮选机。它可分为真空式（减压式）和矿浆加压式两种，而矿浆加压式还可细分为空气自吸式（如我国的喷射旋流式浮选机）和压气式（如国外的达夫克拉喷射式浮选机）两类。

一、结构与工作原理（以 XPM-4 型喷射旋流式浮选机为例）

1. 结构

XPM-4 型喷射旋流式浮选机的基本结构如图 4-13 所示。

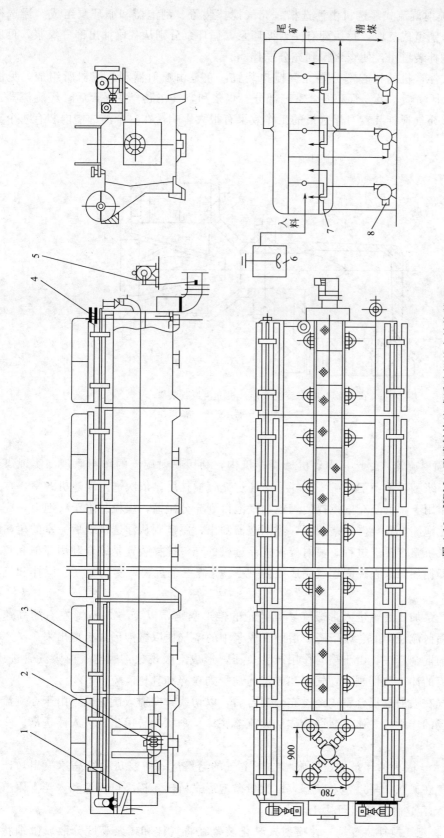

图 4-13 XPM-4 型喷射旋流式浮选机基本结构简图

1—浮选槽；2—充气搅拌装置；3—刮泡器；4—液位信号变送器；5—电动执行机构；6—搅拌桶；7—浮选机；8—循环泵

XPM-4 型喷射旋流式浮选机由浮选槽、充气搅拌装置、刮泡器和循环泵组成。浮选槽分 6 个分室，分别组成三段，每段配有一台循环泵，循环泵分别从各段抽出部分煤浆，再压入各室的充气搅拌装置里，使煤浆得到充分搅拌。

喷射旋流式浮选机的核心部分是充气搅拌装置，它是由喷射器和旋流器所组成，见图 4-14。喷射器包括喷嘴、吸气管和混合室三部分。煤浆和空气在混合室混合后，经旋流器进入浮选槽各室。充气搅拌装置对浮选机的工作效果有很大影响，在一个浮选槽内装有 4 个充气搅拌装置。

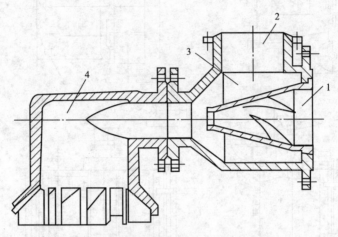

图 4-14　喷射旋流式浮选机充气搅拌装置

1—喷嘴；2—吸气管；3—混合室；4—旋流器

2. 工作过程

XPM-4 型喷射旋流式浮选机没有机械搅拌机构，利用喷射旋流的作用原理，实现煤浆充气与矿化。煤浆和浮选药剂在矿浆搅拌桶中经过充分搅拌后，依次进入浮选机各室，在充气搅拌装置的作用下，反复充气搅拌使煤粒和气泡得到充分碰撞，煤粒黏附于气泡上，完成矿化过程。矿化泡沫上升至浮选槽液面，经刮泡器刮出，尾矿则从浮选机最后一室的尾矿管排出，从而完成了整个浮选过程。喷射旋流式浮选机的充气搅拌装置是综合利用喷射和离心力场的原理，即循环煤浆在瞬间连续完成喷射-吸气-旋流三个过程，实现充气、搅拌和气泡的矿化。

循环煤浆经泵加压后，进入带螺旋导流叶轮的锥形喷嘴，以 15～30m/s 左右的高速射流喷出，由于喷射流压力的急剧下降，溶解在煤浆中的空气便以微泡形式析离出来。

在喷射器的混合室中，由于喷射作用产生负压，形成空吸现象，则空气由吸气管进入，同时在高速射流的冲击和切割下，气泡和浮选药剂受到粉碎和乳化。

煤浆及空气在喷射器混合室中经过充分混合后，以切线方向射入旋流器，由于在旋流器内受到离心力场的作用，气体煤浆混合体从旋流器底口呈伞状旋转甩出，进入浮选槽。

3. 特点

① 微泡量大。因为循环泵加压矿浆增加了空气的溶解度；矿浆从喷嘴高速喷出，压力急剧下降，空气在矿浆中呈过饱和状态，以大量微泡形式析出；提高可浮性和入浮上限（一般浮选机 0.5mm，这种浮选机可达 1mm）。

② 药耗低。充气搅拌装置是一种喷射式乳化装置在将气体和矿浆高度分散成微细状态

的同时也使药剂受到剧烈的乳化作用，提高药效，降低药耗。

③ 接触几率大。充气矿浆从旋流器内呈伞状向斜下方甩出，碰到槽底再折向浮选机液面，呈 W 形运动，与直流的矿浆相遇，增加矿粒与气泡的接触几率。

④ 气泡分布均匀。每个浮选槽中有 4 个充气搅拌机构甩出气泡，这比一个大体积的搅拌装置甩出气泡更均匀。

⑤ 矿浆循环量大，物料受到多次反复分选，改善分选效果。

⑥ 由于是直流式，处理能力大。

二、喷射旋流式浮选机检修规程

1. 拆卸前的准备

（1）根据检修项目，掌握浮选机的运转情况；并备齐必要的图纸和资料、检修工具、量具、配件及材料等。

（2）必须由专人负责对项目的检修工作，安全员负责安全监督工作。

（3）班组长填写好的停电申请票由专门负责停送电的电工将电票的存根送达调度并得到同意后进行停电作业。

（4）班组长填写的动火申请票在得到相关领导根据现场情况签字同意后方可持证动火，并且必须有专人监护，准备好灭火器。

（5）检修人员在检修时应对安全措施做到如下几方面：

① 氧气、乙炔瓶有防振圈，且氧气瓶与乙炔瓶之间应在 5m 以上，压力表完好有效，气带割据无破裂、漏气。必须准备好灭火设施。

② 所有吊链、千斤顶无故障隐患，如有故障及时排除。

③ 个人劳保用品佩戴齐全，人员状况良好。

④ 检修前应挂好"正在检修"牌和"停电指示牌"和"停电指示牌"。

2. 检查与检修

（1）检查过程

① 由安全员检查是否具备检修工作条件，工作条件不足不得检修。

② 由检修人员对各个检修项目的检查，检查其磨损情况并做好检修计划。

（2）拆卸及检修过程

① 卸喷射装置吸气管、喉管时检查不堵塞、不磨损，堵塞需打通，磨损需更换。

② 刮泡器运转时检查刮泡器的轴是否有窜动，是否呈现水平与直线状态，如果不是应对刮泡器的轴及时更换；刮泡板的数量是否齐全，是否有严重变形，如果有要及时更换。

③ 浮选循环泵的检修要依据离心泵的检修规程。

④ 拆卸时对各个机架、机壳的检查，不得有裂纹，如有裂纹需及时补焊或更换。

⑤ 拆卸时还应检查调料闸板是否调整灵活，如调整不灵活需及时更换调料闸板，要求密封性能要好。

⑥ 拆卸时还检查浮选机内各阻力伞的磨损情况，从而影响浮选机的起泡作用，如磨损严重需及时更换。

3. 检修时应按照浮选机的质量标准

① 喷射装置吸气管、喉管不堵塞、不磨损。喷嘴口径磨损量不得超过原直径的 10%，伞形分散器磨损不得超过 10%。

②　刮泡器的轴不得有窜动，并应呈水平和直线状态。刮泡板齐全、牢固、平直，无严重变形，刮料间隔适宜。各室刮泡板依次相差的角度适宜，刮泡板应能使浮选泡沫全部刮入槽内。

③　循环泵泵体无裂纹、不漏水、运转正常、无异常振动。盘根滴水不成线、不发热。叶轮磨损不超过原直径的 5％，轴向窜动不超过一侧间的二分之一，泵压大于 0.2MPa。

④　机架牢固，机壳及机架不得有裂纹，各部连接及地脚螺栓不得有松动。

⑤　调料闸板应调整灵活，最后一室必须密封良好。

4. 试车与验收

（1）试车前准备

①　检查检修记录，确认检修无误。

②　检查浮选机的起泡情况。

③　检查浮选机对药剂，药量的添加情况。

（2）试车

①　按操作规程进行试车。

②　保持运转平稳，无杂音，工作正常。

③　密切观察试车发生的一切情况，并且做好试车记录。

④　由浮选驾驶员察看浮选机的运转情况以及对质量的影响情况

（3）验收

①　连续运转 24h 后，各项技术指标均达到设计要求或能满足生产需要。

②　达到设备完好标准。

③　检修记录齐全、准确，按规定办理验收手续。

三、喷射旋流式浮选机的常见故障与排除

（1）浮选机的叶轮-定子组是关键部件，在检修装配前，叶轮须做动平衡试验。装配后要保证立轴的垂直度，以免在运转中发生偏摆。装配时特别注意保证叶轮-定子的间隙要求。在保证间隙要求时，还要注意保持沿周边各点的间隙均匀。此外，还要注意定子导流片与槽底导向片的相互位置要求，才能起到稳流作用。

（2）在安装或检修浮选机的刮泡器时，必须保证轴水平，消除局部弯曲、下沉现象。各叶片外沿必须平整，并保证每室各刮片刮过相同的深度。同一室的各个叶片要等角分布，前后室的叶片应错开角度，以稳定电动机负荷。两边刮泡的浮选机，出现两面侧水平不一，应按高溢流堰找平，以免发生两侧刮泡不均的现象。

（3）在检修和更换液面调整闸门时，必须保证闸门上沿平整，上下移动灵活，两侧沟槽不漏水，闸门高度符合要求。

同步练习

一、选择题

1. 浮选机中矿粒向气泡附着，形成矿化气泡的关键区域是（　　）。

　　A、搅拌区　　　　　　　　B、泡沫区　　　　　　　　C、分离区

2. 在下列浮选机中，充气搅拌式浮选机是（　　）。

　　A、XJK 型　　　　　　　　　B、CHF-14m³　　　　　　　　C、浮选柱

3. XJK 型浮选机的叶轮叶片顶端与盖板内缘的间隙一般为（　　）。

　　A、5～8mm　　　　　　　　　B、8～12mm　　　　　　　　C、12～16mm

4. 浮选剂的添加、停止一般应以（　　）的开停为准。

　　A、浮选机　　　　　　　　　B、磨矿机　　　　　　　　　C、搅拌槽

5. 为提高精矿质量，一般是增加（　　）的次数。

　　A、精选　　　　　　　　　　B、扫选　　　　　　　　　　C、粗选

6. 以下不是浮选机搅拌机构的转动部分（　　）。

　　A、叶轮　　　　　　B、空心轴　　　　　　C、三角带轮　　　　　　D、进气口

7. 评价浮选机处理能力的指标是（　　）。

　　A、每小时每立方所处理的矿浆量　　　　　B、每小时每立方所处理的干煤泥量

　　C、每台每小时处理的干煤泥量　　　　　　D、每台每立方所处理的干煤泥量

8. 机械搅拌式浮选机的进气方式主要是由（　　）。

　　A、叶轮的强烈搅拌作用　　　　　　　　　B、利用外部压入空气

　　C、矿浆吸入空气　　　　　　　　　　　　D、液体内析出空气

9. 浮选机放矿机构的作用是（　　）。

　　A、将浮选泡沫均匀刮出

　　B、排放尾矿

　　C、在检修或停车时将浮选槽内矿浆放出

　　D、吸入空气

二、是非判断

1. 浮选辅助设备大多是标准设备，浮选机是非标设备。（　　）

2. 浮选机是直接完成浮选过程的设备。（　　）

3. 目前浮选机的研究和改进，逐步向多样化、大型化发展。（　　）

4. XJK 型浮选机的叶轮盖板不易磨损，可以保持规定的间隙要求。（　　）

5. 与机械搅拌式浮选机相比，充气搅拌式浮选机的部件磨损与消耗较多。（　　）

6. CHF-14m³ 浮选机的中矿返回需用泡沫泵提升。（　　）

7. 浮选柱中通过升浮的气泡和下降的矿粒的对流与碰撞，实现气泡的矿化。（　　）

8. 精选、扫选次数增多，会产生大量难选的中矿。（　　）

三、简答题

1. 影响浮选效果的因素有哪些？

2. 浮选机开车前应检查哪几方面的内容？

3. 浮选对气泡及泡沫的要求有哪些？

4. 对浮选机的工艺要求主要有哪些？

5. XJK 型浮选机的叶轮的主要作用有哪些？

6. 什么是浮选的原则流程？它一般包括哪些内容？

7. 起泡形成的机理与其升提作用是什么？

8. 在浮选过程中，细粒对浮选的影响主要表现在哪几个方面？

9. 机械搅拌式浮选机的优缺点分别是什么？

第五章

旋流分离机械的结构与维护

● 知识目标

　　掌握旋流分离设备的工作原理、性能参数，掌握旋风分离器和旋流分离器的结构，了解旋流分离的发展方向。

● 能力目标

　　能正确使用旋流分离设备，能正确使用相关检修工具；能对旋流分离设备进行日常维护，能对常见故障进行查找原因和及时排除。

● 观察与思考

　　通过到企业、实训室参观以及对旋风分离器和悬液分离器进行拆装后，请思考：
● 旋风分离器将气体和烟尘分离是利用的什么原理？
● 旋流分离的效率和哪些因素有关？
● 旋流分离和其他分离方式相比较有什么优势？

第一节　概　　述

　　旋流分离技术作为一项高效的多相分离技术，它是在离心力的作用下利用两相或多相间的密度差来实现相互分离的。自从 1886 年 Marse 的第一台旋粉圆锥形旋风分离器问世以来，旋流分离技术已广泛应用于石油、化工、食品、造纸等行业。油水分离水力旋流器产品最初是由英国南安普敦（Southampton）大学流体力学教授在 20 世纪 70 年代研究设计，并在 1980 年的旋流器国际会议上首次发布了该成果。我国从 20 世纪 80 年代末、90 年代初才逐步开展对该项技术的研究，其中东北石油大学、四川大学、中国石油大学、华南理工大学等单位都做了许多工作，并取得了一定的研究进展。

一、旋流分离的分类

　　旋流分离技术包括旋流分离器及其与之配套的技术与设备，如供料系统——动力源（泵或风机）、流程系统、检测和控制系统等。旋流分离技术的关键是旋流分离器，简称旋流器。根据使用介质的不同（气体或液体），旋流分离可分为干法与湿法两大类。前者为旋风分离，后者为旋液分离，相应地有旋风分离器（cyclone）和旋液分离器（hydrocyclone）。根据分散相的富集或迁移方向，旋流分离可分为重分散相分离和轻分散相分离两大类。

　　对于重分散相分离，即分散相的密度大于连续相的密度，分散相将在底流富集，如淀粉乳浓缩和含水油脱水；对于轻分散相分离，即分散相的密度小于连续相的密度，分散相将在溢流富集，如从水中分离比水密度小的塑料颗粒和油污水去油。

　　旋流器与离心机都是利用离心沉降的工作原理，所不同之处是产生物料高速旋转的方法。离心机是由转鼓的高速旋转带动，而旋流器是由切线方向进料引起的。

二、旋流器的特点

1. 旋流器的优点

　　旋流器的优点是结构简单；安装方便；工作连续可靠；成本低，包括制造、安装空间、运行、维护等方面的费用低；应用范围广；适应性好；具有剪切、洗涤作用；易于清洗；易于实现自动控制等。

2. 旋流器的缺点

　　旋流器有因剪切作用，对某些絮凝或聚凝性物料不适用；与离心机比，可分离粒度没有离心机的小；受流动性限制，增浓或脱水操作时，底流浓度不能太高；通用性较差等缺点。

三、旋流器的功能及应用

1. 功能

　　(1) 澄清或增浓　可用于有密度差的非均相混合物的分离过程。分离后固含量可达40％～75％，或含水量从90％以上降到60％或更低。

　　(2) 洗涤　由于旋流器内具有强烈的流体剪切作用，旋流器可以作洗涤器将黏在颗粒上的污染物质除去。

　　(3) 分级　不同粒度的颗粒具有不同的沉降速度，旋流器可将颗粒按粒度分离。强烈的流体剪切作用，颗粒分散作用良好，可用于聚结性颗粒。

2. 应用状况

　　(1) 油污水处理　1985 年，旋流分离器正式在英国北海油田和澳大利亚巴氏海峡油田的海上石油开采平台使用，进入工业应用阶段，英国北海和澳大利亚巴氏海峡相继安装一批永久性的去油型旋流器。自此，旋流分离器作为一种高效节能的新技术进入含油污水处理的工业应用阶段。据不完全统计，截至 1992 年底，去油型旋流器已在北海、墨西哥和阿拉伯等地应用了 300 多套。

　　我国 1989 年在南海油田首次引进两套合成式的水力旋流器，其日处理能力为 20 万吨。由三相分离器、火炬捕集器和电脱水器等处来的含油废水，经过废水预治理装置初步分离后用加压泵加压 0.98MPa，经过旋流器二级串联处理，90％的流量经底流排出，此时水中含油率小于 50mg/L。

　　1999 年初，上海石化股份有限公司炼化部 1 号炼油装置在进行酸性水汽提装置项目改造时安装了一台油水分离设备。这是一个组合设备，其中旋流分离技术是关键。自 1999 年 6 月使用以来，使进塔的原料水油含量一直控制在小于 20mg/L（不计乳化油）以下，汽提塔操作稳定，酸性气产品合格率由 50％上升到 100％，产品由去火炬排放改至 2 号芳烃和 2 号炼油硫黄回收装置回收，净化水产品合格率由 50％上升至 95％以上，部分供给 2 号常减压电脱盐使用，剩余排入含油污水池，污水中 NH3- N 硫化物含量明显下降，环保费用由 50 多万元/月降至 30 万元/月以下。设备投用 3 个月以后，就已将设备的投资费用全部收回，经济效益和社会效益明显。该设备应用了先进的旋流聚结技术，除油效果好、出水水质稳定，而且自动化程度高，完全达到了用户原设计要求。该设备还可用于延迟焦化水、冲焦水等的处理。

CYL-O 型高效旋流除油装置用于油田洗井水处理可将含油量从 1000mg/L 降到 45mg/L 以下，用于油田原油污水除油，可将含油量从 6000mg/L 降到 100mg/L 以下。

（2）液化气脱胺　在某厂液化气生产过程中，预碱罐内碱液中胺液浓度最高时达 7%～8%，造成预碱洗罐中碱液失效速度加快；脱硫塔流量波动大，胺液发泡现象严重，造成碱液带胺；焦化车间脱硫塔的单乙醇胺由于乳化而被液化气带出，造成液化气残留物含量超标。加氢裂化装置的液化气中胺液含量 7800mg/L，常出现腐蚀 2～3 级的情况，合格率为 50%～70%。CYL-W 型旋流式分离装置可用于液化气脱胺，可将胺液含量从 6800mg/L 降到 87mg/L，满足生产要求。

四、旋流器的性能及其影响因素

旋流器的性能包括分离性能和操作性能。分离性能包括分离效率（如总效率），分割粒度或分级锐度。操作性能包括压力降、流量（处理量）及分流比。分流比也可以看作是分离性能，因其反映了产品的产量。利用旋流器，可以有效地从流体介质中分离出几个微米的微细颗粒。所需分离粒度可通过改变几何尺寸或调节操作参数来得到。此外，旋流器的分离性能可通过几个旋流器的串联操作进一步提高，也可通过多个旋流器并联来满足任意处理量的要求。

影响旋流器分离性能的因素有：物料性质、操作参数及结构参数三方面。

操作参数主要包括压力和流量。操作参数和结构参数对分离性能的影响作用，可分为四类：影响离心加速度的因素（进料流量、旋流器直径和进口直径）；决定停留时间的因素（处理量、直径、长径比）；决定分流比从而影响流型的因素（主要反映在回流区的大小和位置）；其他因素（进料直径与旋流器直径比、出料口直径与旋流器直径之比、锥角对流型和旋流器长度的影响）。

第二节　旋风分离器的使用与维护

一、旋风分离器的作用

旋风分离器在工业上的应用已有近百年的历史。旋风分离器结构简单、操作方便，旋风分离器设备的主要功能是尽可能除去输送介质气体中携带的固体颗粒杂质和液滴，达到气-固-液分离的目的，以保证管道及设备的正常运行。

二、旋风分离器的结构

如图 5-1 所示，旋风分离器主体上部为一圆柱，下部为一圆锥。气体进口管与圆柱部分切向相接，气体出口管为上方中央的同心管，圆锥部分的底部为粉尘出口。

根据圆锥与圆柱的结合方式，旋风分离器有切向型和扩散型两种结构。旋风分离器的几何尺寸已系列化，各部分的几何尺寸均与圆柱的直径成比例。

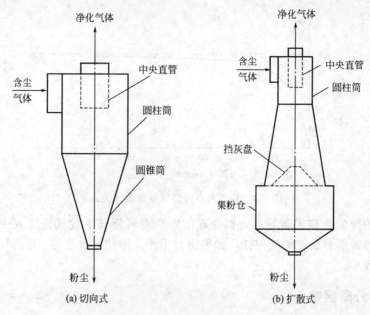

图 5-1 旋风分离器的结构

(a) 切向式   (b) 扩散式

三、旋风分离器工作原理

如图 5-2 所示：含尘气体自进口管依切线方向进入后，在圆柱内壁与气体出口管之间作圆周运动形成旋转向下的外旋流，到达锥底后以相同的旋向折转向上，形成内旋流，直至达到上部排气管流出。随气流运动的颗粒粉尘在此过程中，因受离心力作用而撒向分离器内壁，与器壁撞击而失去速度，又在重力作用下沿壁落下，从出料口排出，由此达到分离目的。

四、旋风分离器效率

旋风分离器的分离效率主要受混合气流中粉尘粒度、气流速度和分离器气密性等因素影响。

1. 粉尘粒度

图 5-3 所示为粒子大小与旋风分离效率关系。由图可见，粉粒的直径越大，分离效率越好，当颗粒直径小于 $5\mu m$ 时间，分离效果将受严重影响。

2. 气流速度

旋风分离器的入口气流流速一般为 $10\sim20$ m/s，低于 $10m/s$ 时，分离效率将受影响，同时粉末会在进口管处堆积起来。在一定范围内，分离效率随着气流速度的增大而提高，而压力损失与气流速度的平方成正比增加。速度过大，压力损失将大大提高，而分离效果不一定高。因此，一般旋风分离器的气流速度不超过 $25m/s$。

3. 分离器气密性

由于旋风分离器的器内静压强在器壁附近最高，往中心逐渐降低，在器中心为负压。所以如果出口密封不良，

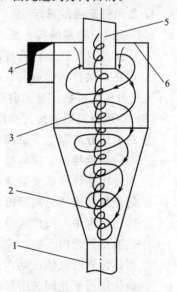

图 5-2 旋风分离器工作原理

1—排灰管；2—内旋气流；
3—外旋气流；4—进气管；
5—排气管；6—旋风顶板

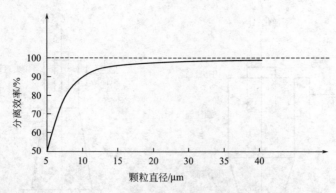

图 5-3 粒子大小与旋风分离效率关系

已收集在器底的粉尘会被重新卷起,被卷起的颗粒有可能随上旋气流进入中央排气管。因此,旋风分离器需要有良好的气密性,如果密封不严,即使只有少至 5% 的气体进入,也会明显影响分离效率。

五、旋风分离器特点

优点:结构简单,制造容易。

缺点:压力损失高,分离效率较低(一般不超过 98%)。

旋风分离器可以单独,或串联使用,也可以作为预分离器后接布袋过滤器或湿法除尘装置等。同旋风分离器的结构原理类似,如果分离的是液-固体系,则称之为旋液分离器,将在本章下一节详细介绍。

六、旋风分离器的维护

1. 旋风分离器的排污

(1)旋风分离器的排污要求

① 应由输气生产运行管理部门或输气站队根据运行情况分别制订排污周期。

② 应在每次排污作业前、后检查旋风分离器、排污系统是否正常,管道有无变形,阀门开关是否灵活可靠,有无内外漏现象。

(2)旋风分离器的排污操作

① 将旋风分离器上下游阀门关闭。

② 对分离器排污,应将排污压力值降至 1.0 MPa(表压)。

③ 当排污系统串联安装球阀与截止阀时,应将排污球阀完全打开。

④ 缓慢开启旋风分离器排污截止阀,将污物经排污管线排至排污池。

⑤ 排污过程中,操作人员不应离开排污阀。

⑥ 监听排污管内污物的流动或喷出声。

⑦ 当排污管内流体流动声音突变时,关闭排污截止阀。

⑧ 确认排污截止阀关闭后,及时关闭排污球阀。

⑨ 排污后,应及时确认排污阀门"关严"无内漏。

⑩ 在排污过程中出现渗漏、堵塞等异常情况要及时停止排污并做相应处理。

⑪ 待排污池液面或粉尘平稳后,计算排污量。

⑫ 及时对排出的污物进行处理。

⑬ 对旋风分离器及排污设施进行检查，确认正常后方可离开现场。

（3）排污操作安全注意事项

工作人员对分离器进行操作时，应严格按规定穿戴工作服、安全帽、工作鞋和防护镜。

（二）旋风分离器的清洗

（1）旋风分离器的清洗准备

① 确认旋风分离器内压力为零。

② 将洁净水源引至旋风分离器，并与注水口安全连接。

（2）旋风分离器的清洗操作

① 关闭旋风分离器的进出口截断阀。

② 打开旋风分离器放空阀，放空旋风分离器内气体。

③ 打开排污阀门。

④ 打开水源阀门，向旋风分离器内注水。

⑤ 观察排出液体的清洁情况。

⑥ 排出液体清洁后停止注水，将旋风分离器内水排净。

⑦ 打开人孔增强通风，同时检查清洗效果。

⑧ 待旋风分离器干燥后，关闭人孔、放空阀、排污阀。

⑨ 缓慢开启上游截断阀，同时检查旋风分离器各部位有无渗漏现象。

⑩ 检查无异常现象后，先开启上游截断阀，再开启下游截断阀，使旋风分离器恢复正常运行状态。

⑪ 做好清洗记录。

（三）维护保养

（1）日常检查

① 运行参数不应超出设计参数范围。

② 检查上下游压差。

③ 检查壳体焊缝有无裂纹、渗漏，尤其要注意 T 形接头部位、人孔及接管的焊缝。

④ 检查外表面是否腐蚀。

⑤ 检查紧固件是否齐全，是否松动。

⑥ 检查整体是否有漏气。

⑦ 检查设备基础是否下沉、倾斜、开裂。

⑧ 检查地脚螺栓、螺母是否有腐蚀，连接是否紧固。

⑨ 检查管道上的安全附件是否齐全、灵敏，其铅封是否完好并在有效期内。

⑩ 检查与其相关的管件是否完好。

⑪ 检查安全接地线是否连接紧固。

（2）定期检验

① 对旋风分离器的检验，应由具有相关资质的单位和人员进行，并做好相关资料的归档保存。

② 定期检验分为：内外部检验；全面检验。

③ 定期检验周期：内外部检验每三年至少一次；全面检验每六年至少一次，或执行《压力容器安全技术监察规程》。

④ 如进行现场射线探伤时，应隔离出透照区，设置安全标志。

⑤ 检验及维护人员进入旋风分离器工作之前，应符合《在用压力容器检验规程》的要求，未达到要求时严禁人员入内。

⑥ 内部介质应采用氮气置换，不应采用空气置换。

⑦ 进行内部清理检查时，应同时打开内部下隔板上的手孔，排尽中间腔内的大颗粒后，关紧手孔。

⑧ 需进行缺陷评定处理的，应严格执行《压力容器安全技术监察规程》的有关规定办理。

⑨ 对于直径小于 600mm 的旋风分离器，由于无法进行内部检验，使用单位提出免检申请，地、市级安全监察机构审查同意后，报省级安全监察机构备案。

第三节　旋液分离器的使用与维护

一、旋液分离器的原理

旋液分离器又称水力旋流器，是利用离心沉降原理从悬浮液中分离固体颗粒的设备，它的结构与操作原理和旋风分离器相类似。设备主体也是由圆筒和圆锥两部分组成，如图 5-4 所示。悬浮液经入口管沿切向进入圆筒，向下做螺旋形运动，固体颗粒受惯性离心力作用被甩向器壁，随下旋流降至锥底的出口，由底部排出的增浓液称为底流，清液或含有微细颗粒的液体则成为上升的内旋流，从顶部的中心管排出，称为溢流。内层旋流中心有一个处于负压的气柱。气柱中的气体是由悬浮液中释放出来的，或者是由溢流管口暴露于大气中时而将空气吸入器内的。

二、旋液分离器特点

旋液分离器的结构特点是直径小而圆锥部分长。因为固、液间的密度差比固、气间的密度差小，在一定的切线进口速度下，小直径的圆筒有利于增大惯性离心力，以提高沉降速度，同时，锥形部分加长可增大液流的行程，从而延长了悬浮液在器内的停留时间。

旋液分离器不仅可用于悬浮液的增浓，在分级方面更有显著特点，而且还可用于不互溶液体的分离，气-液分离以及传热、传质和雾化等操作中，因而广泛应用于多种工业领域中。

根据增浓或分级用途的不同，旋液分离器的尺寸比例也有相应的变化，如图 5-5 中的标注。在进行旋液分离器设计或选型时，应根据工艺的不同要求，对技术指标或经济指标加以综合权衡，以确定设备的最佳结构及尺寸比例。例如，用于分级时，分割粒径通常为工艺所规定，而用于增浓时，则往往规定总收率或底流浓度。从分离角度考虑，在给定处理量时，选用若干个小直径旋液分离器并联运行，其效果要比使用一个大直径的旋液分离器好得多。正因如此，多数制造厂家都提供不同结构的旋液分离器组，使用时可单级操作，也可串联操作，以获得更高的分离效率。

近年来，世界各国对超小型旋液分离器（指直径小于 15mm 的旋液分离器）进行开发。超小型旋液分离器组特别适用于微细物料悬浮液的分离操作，颗粒直径可小到 $2\sim5\mu m$。

旋液分离器的粒级效率和颗粒直径的关系曲线与旋风分离器颇为相似，并且同样可根据粒级效率及粒径分布计算总效率。

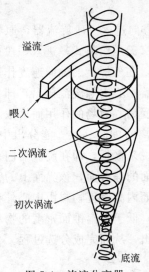

图 5-4　旋液分离器

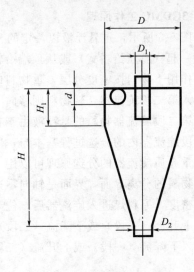

图 5-5　旋液分离器尺寸标注

三、旋液分离器的检修规程和常见故障排除［以 3GDMC 无（有）压给料三产品重介质旋流器为例］

3GDMC（DMC）系列无（有）压给料三产品重介质旋流器，已在全国 200 多座选煤厂被采用，总处理能力超过 200Mt/a（百万吨/年）。

1. 3GDMC 系列无（有）压给料三产品重介质旋流器特点

能以单一低密度悬浮液一次分选出质量合格的精煤、中煤和矸石三种产品。

分选精度高，当入选不分级不脱泥 ≤110mm 原煤时，一段可能偏差 $E_1 = 0.020\sim0.030$kg/L，二段可能偏差 $E_2 = 0.035\sim0.050$kg/L。

3GDMC 系列无压给料三产品重介质旋流器入选原料煤采用与重介质悬浮液分开进入旋流器的方式，能提高分选精度、节省电耗、减少矸石泥化和次生煤泥量并有利于工艺设备的合理布局。

采用外置式二段旋流器分选密度在线调节装置，操作方便、灵活。

本身无运动部件，其内衬采用刚玉材料，主体寿命超过 7000h，一般可在最佳工况条件下工作两年。

2. 用途及适用范围

用于粒度 ≤110mm 各种可选性原料煤的分选。

3. 型号的组成及其代表意义

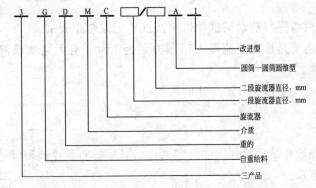

4. 3GDMC 工作原理

如图 5-6 所示，重悬浮液以一定的工作压力沿切线方向进入一段旋流器，原料煤则和重悬浮液一起（有压给料式）或从顶端沿轴向以自重方式（无压给料式）进入一段旋流器，在离心力作用下物料按密度分层，重物料向旋流器壁移动，在外螺旋的轴向速度作用下，由底流口进入第二段旋流器，轻物料则移向中心空气柱并随着中心内螺旋流排出，即为精煤。随同进入第二段旋流器物料的悬浮液由于在一段旋流器内受离心力场的作用而增浓，即密度增加，二段旋流器内的分选过程基本与一段相同，只是分离密度高一些，能分出中煤及矸石。因此，重介质旋流器的分选原理可以用"分离锥面"学说来概括，即在旋流器内存在一个高低密度物料的分离界面，界面是轴向零速面和径向零速面的综合面，该界面上的密度一般等于分离密度，原料煤进入旋流器后，位于旋流器分离锥面内高密度物料由中心外移，并进入外螺旋上升流（一段）或下降流（二段）由底流口排出；低于分离锥面密度的物料则向中心移动进入下降流（一段）或上升流（二段）由溢流口排出，从而完成分选过程。

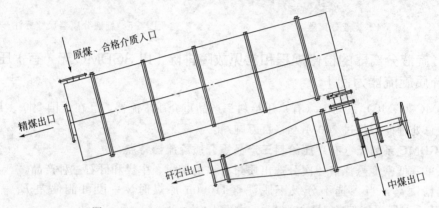

图 5-6　3GDMC 系列有压给料三产品重介质旋流器

5. 安装和调试

（1）安装

① 严格按照设计图纸安装。

② 旋流器一段安装角度为 $15°\pm1°$，二段安装角度为 $15°\pm1°$。

③ 严禁在旋流器筒体上电焊、气割及重击。

④ 在悬浮液入料管适当位置上安装带隔膜装置的压力表。

⑤ 法兰连接及焊接处不得有渗漏。

⑥ 安装后须将旋流器内的杂物清理干净。

（2）调试

① 旋流器本身只需进行清水调试和带煤调试，无需带介调试。

② 清水调试：主要是检查旋流器入口压力是否正常、有无堵塞或渗漏，若有，应查找原因并采取相应措施。

③ 带煤调试：主要是选择合适尺寸的底流口。

6. 使用、操作

（1）开车顺序

要严格执行"先给介质后给煤"的开车顺序，且要等重悬浮液密度达到规定值再给煤。

（2）操作注意事项

① 保持重悬浮液密度的稳定，运转中允许密度波动范围±0.005kg/L。

② 保持重悬浮液中煤泥含量不要超过允许值（一般 30％～50％），超过时要及时"打分流"。

③ 运转过程中应经常观察产品脱介筛，发现有堵塞或其他异常情况，要及时处理。

④ 注意入口压力表，若发现压力过低或压力波动太大要及时处理。

（3）停车顺序

要严格执行"先停煤后停质"的停车顺序。

7. 故障分析及排除

旋液分离器的常见故障与排除方法见表 5-1。

表 5-1　旋液分离器的常见故障与排除方法

故障现象	可能原因	排除方法
精煤脱介筛上跑矸	原煤润湿不充分	加强原煤润湿
中煤、矸石脱介筛均无料	一、二段连接管堵塞	停车，排除堵塞
矸石脱介筛无料	二段旋流器底流口堵塞	停车，排除堵塞
一段分选精度降低	旋流器磨损严重	更换溢流管等部件
二段分选精度降低	旋流器磨损严重	更换底流口等部件
整体分选精度降低	入料压力太低或介质太黏	提压或加大介质分流

8. 维护和检修

① 定期检查二段旋流器，特别是锥体和底流口，若磨损严重，要及时更换，以保证分选效果。

② 处理堵塞、更换配件时，可以打开法兰进行观察或清理，严禁重锤敲击，以免损坏耐磨衬里。

③ 禁止金属及其他异物进入旋流器，以防旋流器意外损坏。

同步练习

一、选择题

1. 在讨论旋风分离器分离性能时，临界粒径这一术语是指（　　）。

　　A. 旋风分离器效率最高时的旋风分离器的直径

　　B. 旋风分离器允许的最小直径

　　C. 旋风分离器能够全部分离出来的最小颗粒的直径

　　D. 能保持滞流流型时的最大颗粒直径

2. 对标准旋风分离器系列，下述说法正确的是（　　）。

　　A. 尺寸大，则处理量大，但压降也大

　　B. 尺寸大，则分离效率高，且压降小

　　C. 尺寸小，则处理量小，分离效率高

　　D. 尺寸小，则分离效率差，且压降大

3. 为提高旋风分离器的效率，当气体处理量较大时，应采用（　　）。

　　A. 几个小直径的分离器并联　　B. 大直径的分离　　C. 几个小直径的分离器串联

4. 颗粒的重力沉降在层流区域时，尘气的除尘以（　　）为好。

　　A. 冷却后进行　　　　　　　　B. 加热后进行　　　　C. 不必换热，马上进行分离

5. 旋风分离器的临界粒径是指能完全分离出来的（　　）粒径。

　　A. 最小　　　　　　　　　　　B. 最大　　　　　　　C. 平均

6. 旋风分离器主要是利用（　　）的作用使颗粒沉降而达到分离。

　　A. 重力　　　　　　　　　　　B. 惯性离心力　　　　C. 静电场

7. 含尘气体中的尘粒称为（　　）。

　　A. 连续相　　　　　　　　　　B. 分散相　　　　　　C. 非均相

8. 旋液分离器是利用离心力分离（　　）

　　A. 气-液混合物的设备　　　　　B. 液-固混合物的设备

　　C. 液-液混合物的设备　　　　　D. 气-固混合物的设备

9. 旋风分离器内外部检验（　　）至少一次。

　　A. 每一年　　　　　　　　　　B、每二年　　　　　　C、每三年

10. 旋风分离器全面检验（　　）至少一次。

　　A. 每三年　　　　　　　　　　B. 每六年　　　　　　C. 每五年

11. 旋风分离器定期检验时内部介质应采用（　　）置换，不应采用（　　）置换。

　　A. 标准气　　　　　　　　　　B. 氮气　　　　　　　C. 空气

二、填空题

1. 选择旋风分离器形式及决定其主要尺寸的根据是？（　　）、（　　）、（　　）。

2. 通常（　　）非均相物系的离心沉降是在旋风分离器中进行（　　）悬浮物系一般可在旋液分离器或沉降离心机中进行

3. 旋风分离器的操作是混合气体从筒体上部的（　　）方向进入（径向或切向），（　　）排出净化气体，（　　）间歇排灰（顶部或底部）。

4. 除去气流中尘粒的设备类型有（　　）、（　　）、（　　）等。

三、简答题

1. 简要说明旋风分离器的主要分离性能指标。

2. 标准旋风分离器各部位尺寸有什么关系？

3. 旋风分离器和旋流分离器特点有何不同？

4. 离心沉降机和旋流分离器的主要区别是什么？

参考文献

［1］　展浩．新编化工机械启动运行与日常操作及故障检测维修技术手册［M］.北京：中国化工电子出版社，2005.
［2］　施震荣．工业离心机选用手册［M］.北京：化学工业出版社，1998.
［3］　袁惠新．分离过程与设备［M］.北京：化学工业出版社，2008.
［4］　李天成．机械搅拌式浮选机安装调试、应用操作与故障排除［M］.北京：中国化工电子出版社，2005.
［5］　张喜勇．板框压滤机常见故障分析［J］.工程论坛，2005（11）：124.
［6］　袁惠新，曾艺忠，杨中锋．旋流分离技术的现状与应用前景［J］.化工机械.2002（06）.